SOPA DE LETRAS

Y

DICCIONARIO

FÍSICA

Bienvenido

Desde BlessedPapers esperamos proporcionarte un entretenimiento y aprendizaje divertido y relajado. Los libros de esta colección contienen diccionarios. Aprenderás al mismo tiempo que te diviertes.

Una recomendación:

Hazlo con lápiz .
Estamos convencidos de que volverás a hacerlo, una y otra vez.

Temas:

Las sopas de letras están ordenadas por temáticas dentro del tema principal.

Diccionario:

Al final del libro dispones del diccionario con todas las palabras contenidas.

Esperamos que difrutes

BlessedPapers

Somos una editorial Joven, que intenta hacer
cosas nuevas y diferentes.
Si te gusta el libro, te divierte y te aporta algo,
sería una grandísima ayuda que nos dieras tu
opinión. Es la única manera de poder hacernos
visibles y llegar a más personas.
Sólo tardarás unos segundos escaneando el
código QR.

Muchas gracias por tu ayuda

BlessedPapers

Óptica Geométrica

M	I	I	O	F	F	B	P	W	X	V	Y	E	S	V	Q	T	N	T	N	C
A	H	S	Y	D	Q	K	M	P	L	A	N	O	C	O	N	C	A	V	O	K
Y	F	V	J	J	M	R	E	F	R	A	C	C	I	O	N	Q	C	B	I	Z
L	J	A	N	S	T	Y	S	K	D	I	H	Y	S	E	V	K	I	N	X	K
D	E	E	D	M	A	Y	A	C	W	M	S	U	O	X	K	O	T	W	E	F
Y	B	N	L	Y	J	K	Z	U	D	J	H	M	K	A	R	P	P	V	L	M
Y	C	B	T	D	L	Y	S	S	W	J	L	U	A	J	Q	R	O	E	F	X
N	J	J	X	E	W	L	D	S	U	U	F	K	V	S	T	Q	N	A	E	O
T	Q	Y	C	K	C	S	P	Q	Q	A	Z	Y	S	V	W	T	O	E	R	E
V	B	X	Y	N	B	O	Z	W	Z	X	T	Q	V	B	E	G	I	J	A	D
Y	X	C	A	T	Z	H	N	C	P	B	W	M	H	D	Q	A	C	Y	Y	Q
L	H	Z	Z	I	Z	Z	G	V	P	G	Y	I	I	I	G	X	A	K	S	I
I	Y	E	J	W	X	B	R	R	E	C	Y	V	U	U	R	T	R	L	H	A
X	E	G	Q	A	L	M	R	Z	S	R	E	I	L	O	H	S	R	Q	T	A
R	A	P	D	N	L	R	M	A	B	R	G	V	X	E	I	W	E	W	X	C
L	K	Z	B	N	F	U	X	X	G	F	K	E	O	T	Y	S	B	Q	S	M
V	I	S	X	T	E	H	D	E	P	N	N	X	N	C	F	D	A	R	O	Z
R	R	U	P	G	L	C	N	V	B	E	L	F	W	T	H	W	N	E	P	R
Z	Y	W	T	R	E	T	X	Y	R	W	Y	K	B	K	E	C	A	X	F	D
M	A	L	K	B	E	Y	P	J	B	C	Y	E	T	D	Z	B	O	G	E	T
I	A	D	K	S	Z	V	Y	N	V	Q	X	Z	S	B	E	Z	V	K	S	U

Reflexión	Refracción	PlanoCóncavo
LenteConvergente	AberracionÓptica	Prismas
LenteDivergente		

Termodinámica

J	N	O	E	T	S	O	Q	F	N	Q	K	X	A	C	P	N	L	Q	S	D
E	L	H	K	N	A	N	X	Q	N	W	O	W	A	E	Z	H	U	H	A	J
N	T	A	F	W	A	H	O	B	B	B	F	A	N	A	H	T	U	I	S	G
X	C	T	K	L	Q	T	F	S	P	F	Z	B	R	N	T	Q	P	N	H	O
E	X	E	O	X	Z	W	P	W	S	B	Y	O	B	R	H	L	D	Y	N	M
N	J	N	Z	I	O	N	Y	X	O	W	T	C	G	E	A	K	W	B	N	I
Z	B	O	H	O	R	T	I	H	Z	H	S	E	X	T	Y	L	M	Z	L	Q
R	O	E	O	J	A	A	L	J	A	J	W	O	N	N	M	N	I	D	C	J
P	B	J	O	H	U	D	M	R	H	K	E	E	K	I	Y	A	Z	F	Y	M
W	O	I	B	L	A	D	Z	E	X	B	S	V	G	A	Z	N	M	C	Y	D
J	Z	C	W	Y	C	J	Q	D	L	P	G	Z	O	I	R	A	C	Z	I	J
T	J	O	P	H	G	I	O	P	O	Y	G	C	S	G	G	P	S	V	L	H
C	X	W	J	P	L	Z	C	E	G	G	O	E	S	R	V	J	C	E	E	Y
M	T	S	R	T	R	Y	S	L	B	G	G	B	K	E	C	I	G	C	Y	Z
H	F	N	Z	J	M	Q	Q	F	H	L	X	W	Y	N	J	M	F	Q	E	C
C	Z	E	K	L	K	E	D	I	E	T	X	V	M	E	N	U	T	W	S	V
T	J	M	C	J	M	T	Y	T	C	A	L	O	R	K	L	B	Q	M	E	C
I	B	Y	B	A	Q	C	G	J	Q	O	I	H	F	U	U	P	Y	C	V	D
N	I	H	S	S	A	K	U	E	K	G	N	T	M	F	J	O	J	S	X	M
K	W	V	L	K	U	Q	D	K	Y	C	X	D	O	L	W	S	Y	E	A	F
R	I	S	D	E	N	T	R	O	P	I	A	D	N	N	L	L	R	U	L	I

Entropía	**Calor**	**EnergíaInterna**
Leyes	**Ciclo**	**Entalpía**
LeyBoyleMariotte		

FísicaCuántica

U	M	G	A	D	P	S	O	D	X	O	C	C	S	C	I	T	U	Y	O	D
Y	A	B	P	C	Z	A	V	A	X	K	K	T	N	D	H	Z	V	T	T	K
J	Q	Z	O	J	I	Q	Z	D	X	C	P	R	T	R	F	X	Y	R	N	L
H	R	Y	D	H	D	T	Z	I	X	U	Q	W	F	N	O	V	N	S	E	Q
D	G	E	P	A	K	C	N	L	Y	T	A	T	U	A	T	M	M	J	I	X
D	C	Y	J	X	M	K	Q	A	U	H	E	F	U	S	O	M	I	E	M	N
T	G	M	L	F	K	P	P	U	U	K	D	L	D	H	N	D	A	X	A	L
U	W	S	L	Y	E	K	P	D	G	C	N	J	L	P	E	G	U	B	Z	C
J	L	J	K	E	P	V	B	T	H	T	A	N	E	T	S	W	H	I	A	N
G	J	U	T	F	S	F	N	M	K	S	T	C	G	H	Y	J	Z	I	L	G
R	Q	F	J	U	B	A	I	R	V	K	E	D	I	J	Q	O	E	M	E	Q
F	B	F	L	W	W	M	Q	X	J	Y	K	Q	G	N	U	B	A	G	R	C
E	C	E	P	A	R	T	I	C	U	L	A	O	N	D	A	J	B	O	T	N
J	V	V	E	D	A	H	Z	D	I	M	E	H	J	W	N	C	U	D	N	M
O	N	A	U	Y	D	I	L	B	M	L	Q	X	S	N	T	U	E	I	E	Z
O	R	F	M	Q	G	E	R	N	G	U	I	F	P	B	A	K	K	M	M	C
L	O	H	D	O	P	I	B	J	E	H	H	L	P	R	K	L	G	M	G	L
O	P	S	U	P	E	R	P	O	S	I	C	I	O	N	A	K	E	F	M	S
P	G	O	V	I	M	F	K	G	Y	I	K	S	F	A	V	U	E	Q	A	K
G	I	N	C	E	R	T	I	D	U	M	B	R	E	C	O	H	C	T	Z	B
B	P	H	D	J	C	U	Q	J	J	G	Z	X	I	W	J	M	D	Q	Z	S

PartículaOnda   Dualidad   Mecánicacuántica
Superposición   Entrelazamiento   Incertidumbre
FotonesYQuanta

Campos Magnéticos

J	F	X	X	F	D	G	L	Q	E	P	P	K	Y	X	W	M	J	K	U
T	Q	K	Z	S	A	L	E	Y	D	E	F	A	R	A	D	A	Y	X	F
E	M	S	U	K	Z	E	E	N	A	V	E	S	I	M	H	R	B	K	T
N	S	E	H	Y	I	R	S	Y	S	Y	D	B	J	H	P	Z	J	S	Y
F	U	V	B	F	A	T	M	V	D	C	T	W	F	K	D	M	Y	D	V
A	U	U	I	W	U	S	O	Q	B	E	Z	B	Q	Q	S	D	I	G	B
K	K	T	Y	I	K	E	J	G	G	B	A	D	A	E	O	P	G	Q	L
P	E	W	T	P	F	R	R	P	R	K	B	M	X	P	O	J	U	G	A
I	D	F	J	P	D	R	E	Z	N	C	H	P	P	L	V	I	G	T	D
P	C	R	L	A	S	E	B	T	A	Z	L	D	O	E	U	S	N	K	Q
M	Q	P	Q	H	T	T	G	R	C	M	U	M	Y	D	R	F	U	T	Q
H	E	O	F	U	W	O	W	Z	X	W	A	S	E	S	O	E	V	X	E
Q	T	A	F	W	H	P	H	J	Y	G	J	G	U	N	G	S	U	P	V
M	I	P	L	V	B	M	S	R	N	S	K	E	N	W	C	X	P	D	H
N	O	Q	E	S	N	A	O	E	D	Q	O	Q	Y	E	D	U	A	H	E
V	R	I	Z	X	H	C	T	D	W	B	I	E	P	Z	T	Y	V	T	L
I	M	V	K	G	K	I	U	B	T	B	G	C	K	V	B	I	Q	A	K
O	N	O	I	C	C	U	D	N	I	J	X	A	F	D	U	L	C	C	J
Q	C	I	U	O	F	K	N	G	L	S	E	N	A	M	I	W	R	A	K
Z	R	P	Z	E	Y	O	I	U	H	W	B	T	N	L	A	D	P	I	E

Imanes   **CampoTerrestre**   **FuerzaMagnética**
LeyDeAmpère   **LeyDeFaraday**   **Inducción**
DipoloMagnético

Electric.yMagnetismo

B	C	D	G	D	R	L	J	G	V	T	Z	C	E	W	N	S	L	L	O	F	V	K	B
T	A	M	T	U	N	C	V	M	H	O	E	D	Y	E	L	T	G	I	O	I	E	C	Z
K	P	L	A	L	Y	E	D	W	C	T	Z	S	N	I	Q	A	J	G	U	C	H	S	S
H	Q	S	O	C	D	C	W	A	N	R	N	B	E	X	O	I	Y	L	H	M	B	W	Z
N	L	E	I	X	L	T	A	E	Q	E	I	B	S	A	G	I	L	U	H	J	O	K	R
B	M	G	H	Z	D	P	I	G	P	S	Q	D	Z	Z	U	Y	P	Q	A	C	H	P	X
A	C	K	K	T	K	R	G	U	Q	W	A	Z	B	A	R	I	R	G	I	I	S	I	A
F	L	N	Z	I	R	T	O	M	O	R	T	C	E	L	E	A	Z	R	E	U	F	S	H
T	Z	R	O	O	G	A	P	E	T	H	X	U	L	U	X	C	T	K	S	I	N	G	S
X	F	E	C	Y	V	K	V	J	S	X	P	O	K	D	Z	C	D	Q	R	D	C	L	E
K	W	E	F	X	Z	Y	B	A	B	P	Q	E	C	S	E	L	R	W	R	X	I	Q	X
M	Y	Y	P	D	B	B	M	N	S	T	W	W	E	L	L	E	N	Z	E	M	R	O	B
M	M	S	X	V	L	B	W	B	G	T	L	A	E	E	V	Y	U	M	O	D	C	C	H
L	V	T	V	O	D	I	K	Z	S	D	O	L	S	P	P	D	W	A	P	M	O	E	X
N	E	Q	O	J	N	Q	V	E	J	X	A	I	Q	T	E	E	H	E	X	F	H	A	G
D	G	C	L	H	X	S	R	J	A	I	E	A	B	B	O	C	O	O	K	U	I	I	S
W	P	Y	W	B	Z	G	F	Z	C	P	Q	Z	Q	Y	W	O	V	L	X	L	U	T	G
P	U	G	V	L	W	L	A	N	Y	W	R	Q	V	W	E	U	L	N	L	E	L	C	Q
P	T	X	D	O	V	G	E	W	U	E	Y	L	A	K	N	L	P	N	A	K	R	T	R
F	E	M	B	X	B	T	I	L	Z	S	G	F	G	N	B	O	H	D	O	O	O	D	D
F	S	I	L	R	O	J	U	Q	D	C	T	I	E	B	T	M	U	E	C	V	Y	A	P
P	C	A	M	P	O	E	L	E	C	T	R	I	C	O	M	B	Z	B	N	X	R	S	S
J	A	N	T	Q	L	R	I	K	T	D	Q	A	Y	A	Z	O	O	O	V	V	D	U	B
S	N	C	Q	O	K	U	M	N	O	S	T	R	K	Y	X	B	U	J	D	B	L	Z	Z

LeyDeCoulomb   PotencialEléctrico   CampoEléctrico
Corriente   LeyDeOhm   FuerzaElectromotriz
LeyBiotSavart

Ondas Electromagn.

G	Z	N	Q	X	D	S	F	O	S	W	T	L	O	T	T	X
Z	D	B	Y	A	S	Y	I	A	Q	M	C	O	Y	M	S	R
L	M	C	P	A	X	I	O	J	M	D	L	A	B	Z	A	F
N	Z	L	E	U	M	L	N	W	M	K	R	R	O	A	D	O
J	R	T	U	S	K	M	Z	F	F	W	O	O	R	Y	N	N
M	C	A	C	Z	W	W	A	R	R	N	J	I	R	Q	O	O
I	A	L	P	V	V	A	H	G	D	A	N	R	M	F	O	I
V	D	Q	N	H	E	I	X	A	Y	Y	R	G	U	I	R	C
O	I	L	L	U	R	P	S	R	R	X	T	R	D	H	C	A
J	S	V	M	H	N	D	M	I	Q	S	S	Q	O	K	I	I
Y	B	Z	I	V	E	L	W	J	B	B	H	O	Y	J	M	D
O	G	U	Z	R	G	Z	B	A	O	L	H	E	Y	P	O	A
F	G	D	A	F	Y	R	W	I	R	O	E	W	N	A	P	R
V	W	D	J	J	O	R	T	C	E	P	S	E	A	A	R	Z
E	I	G	H	P	R	B	Y	U	H	B	G	E	H	O	A	R
O	T	P	D	I	Z	X	A	W	C	Z	J	O	H	T	D	C
G	X	E	O	T	R	U	N	L	U	C	T	N	L	I	V	I

Espectro   Radiación   OndasDeRadio
Microondas   Infrarrojo   LuzVisible
RayosXyGamma

Relatividad Einstein

N	P	S	K	L	X	L	P	S	H	K	U	L	Q	N	O	K	U	V	U	B	C	J	T
A	A	K	Y	O	T	T	T	M	H	C	V	Z	D	W	C	B	A	J	R	J	W	X	N
X	A	I	Q	W	V	D	X	T	R	Q	R	H	T	Q	H	Q	A	M	C	M	Y	Y	H
X	V	F	O	D	E	N	B	F	D	A	N	B	V	V	Z	M	C	J	A	C	Z	F	D
F	R	V	T	T	L	T	H	T	C	O	Y	X	H	D	M	Y	V	Z	Q	B	O	C	P
R	A	N	P	C	O	N	T	R	A	C	C	I	O	N	L	O	N	G	I	T	U	D	H
E	I	J	J	G	C	N	G	S	Z	S	X	F	O	P	Y	K	J	F	U	W	N	I	H
O	Z	Q	V	G	I	M	D	K	R	T	A	P	A	I	H	N	Q	Y	S	Z	B	L	C
F	M	P	G	X	D	V	H	K	F	D	E	D	N	I	A	V	X	M	T	K	V	A	S
P	L	T	S	R	A	M	X	V	V	E	P	D	A	E	T	J	Y	I	L	M	T	T	T
C	T	O	V	T	L	F	D	I	M	F	Y	F	H	N	V	S	R	R	R	W	A	A	V
Z	D	L	Q	G	U	A	T	D	A	D	I	C	O	L	E	V	O	R	T	A	U	C	Z
A	X	S	J	P	Z	C	S	Q	L	Z	H	P	A	W	E	D	D	C	I	E	P	I	Y
U	X	J	Y	Q	Y	D	D	V	N	H	M	V	E	B	M	K	R	R	O	K	X	O	T
G	Q	F	O	J	Q	M	A	S	A	E	N	E	R	G	I	A	A	O	I	O	H	N	N
A	E	Z	Z	T	M	F	G	W	I	D	L	B	O	M	I	B	N	M	O	K	Z	T	E
T	J	Z	K	W	H	J	F	T	P	L	E	Y	T	T	T	L	T	G	U	C	K	I	A
N	I	M	R	L	M	I	O	J	B	Q	V	G	V	M	A	I	M	B	O	J	S	E	B
V	Q	E	T	F	Z	I	N	O	B	A	U	V	P	M	X	H	R	J	Y	D	M	P
E	E	X	K	A	C	J	L	G	Q	M	P	M	R	C	Z	L	K	N	F	T	J	P	Q
I	I	H	N	A	Q	Q	S	K	R	F	S	X	U	P	J	R	F	X	C	E	K	O	H
V	Z	Z	P	E	G	K	M	J	K	J	G	G	L	Z	N	S	V	R	X	R	N	B	R
K	H	S	H	N	G	T	N	O	C	C	P	U	K	P	J	D	Z	U	Z	M	O	V	Z
K	E	R	J	V	J	I	T	G	C	Z	U	I	G	E	D	P	P	M	W	K	W	K	G

EspacioTiempo   VelocidaLuz   DilataciónTiempo
ContracciónLongitud   MasaEnergía   CuatroVelocidad
Coordenadas

Teoría de Cuerdas

U	E	H	V	H	Y	S	O	B	Z	B	N	U	Y	I	P	W	W	M	D	J	L	H	I	Z
U	N	K	K	N	K	N	R	H	U	E	M	J	Z	F	A	Z	Y	M	I	M	O	O	V	H
O	C	V	U	Y	V	D	M	F	H	E	G	A	I	B	D	E	X	N	M	R	L	Z	H	N
B	E	A	D	A	R	R	E	C	A	T	R	E	I	B	A	A	D	R	E	U	C	Q	B	T
V	Z	Z	Z	S	C	W	O	S	G	J	I	S	R	S	R	S	N	I	Q	N	O	D	V	U	O
S	S	Z	W	T	O	Z	Q	U	M	B	M	G	R	C	O	T	R	O	S	M	V	U	G	V
P	A	P	V	P	M	P	X	P	I	T	R	E	I	I	Z	E	G	O	I	Z	C	S	H
A	H	T	L	X	P	J	A	E	A	L	D	F	Q	N	F	J	T	B	O	T	Y	Y	Z	G
D	Q	U	J	S	A	L	W	R	E	L	N	T	H	N	Q	U	L	H	N	N	S	N	U	X
G	F	I	Z	C	C	X	P	C	B	W	P	B	A	U	V	B	S	T	A	E	H	F	E	C
G	V	V	H	V	T	K	Z	U	Z	P	F	X	G	V	E	Q	C	W	D	N	B	Y	B	D
G	J	L	Q	B	I	I	T	E	O	A	Y	M	Y	V	G	K	Z	J	I	I	E	W	I	G
N	J	C	X	B	F	J	G	R	A	V	E	D	A	D	D	E	B	U	C	L	E	S	E	N
A	D	U	A	L	I	D	A	D	C	U	E	R	D	A	S	W	C	X	I	K	C	S	M	J
J	Q	X	F	K	C	B	H	A	T	F	R	Z	G	E	Y	J	D	T	O	P	V	J	W	V
H	G	U	N	F	A	S	S	S	P	A	S	U	P	F	F	L	O	F	N	S	I	Y	Y	U
Y	V	A	V	S	C	S	W	C	N	F	P	S	V	X	V	F	T	I	A	J	E	E	A	Q
H	W	G	L	T	I	F	Y	C	W	A	D	H	U	J	G	X	U	Z	L	O	I	K	K	E
S	N	V	Y	Y	V	O	E	C	A	B	R	J	I	J	M	G	F	E	C	P	Q	F	S	F	Y
P	D	K	M	M	N	M	C	E	G	K	V	I	K	F	W	Z	Y	M	E	G	Q	C	P	M
Q	J	Z	T	Z	O	H	Z	X	E	G	M	A	L	B	U	P	Z	J	T	N	V	Y	O	W
L	H	I	T	I	P	K	X	H	Y	A	W	U	B	V	E	Q	G	Q	A	K	V	S	Y	F
C	Y	A	W	W	E	U	C	V	O	M	F	O	L	B	X	J	C	B	Z	R	B	C	S	R
M	V	R	J	G	O	X	Y	D	Y	S	P	S	L	U	O	U	E	I	S	N	X	Q	C	L
N	K	Q	L	D	N	D	L	J	T	H	C	S	C	Q	E	B	T	D	M	G	L	H	B	H

DimensionAdicional **CuerdaAbiertaCerrada** **DualidadCuerdas**
GravedadDeBucles **TeoríaM** **Supercuerdas**
Compactificación

Física Nuclear

G	L	F	V	J	K	R	E	B	G	S	Z	O	E	X	J	H	T	R	X	O	C	X
Z	R	A	K	T	Z	G	A	U	D	L	S	G	O	F	S	X	F	A	A	Y	U	O
S	A	I	I	O	E	O	G	E	K	I	H	H	D	T	E	Q	I	E	N	W	X	N
I	D	N	R	U	O	O	N	V	L	I	U	V	T	T	I	J	Y	L	Q	K	X	D
P	N	T	I	A	Z	O	G	W	P	C	B	T	O	U	F	J	V	C	A	K	E	R
G	A	E	T	B	D	K	M	B	Q	I	U	Z	U	N	I	H	C	U	W	C	Y	H
V	T	R	S	B	J	I	Q	U	M	O	Y	N	F	M	R	K	H	N	P	R	U	L
X	S	A	T	D	U	T	A	S	M	X	L	Z	N	J	E	O	L	N	B	G	C	K
X	E	C	Q	I	S	N	U	C	L	E	O	A	T	O	M	I	C	O	N	G	O	L
W	O	C	Y	S	C	R	J	G	T	N	U	J	Y	I	I	F	L	I	L	Q	R	I
G	L	I	L	O	G	U	L	K	T	I	Q	N	T	F	I	S	B	S	E	E	H	B
R	E	O	U	P	O	S	L	T	I	N	V	A	G	I	O	D	U	I	N	C	W	G
H	D	N	S	J	C	X	T	S	O	K	E	I	N	A	T	A	K	F	K	U	W	D
Z	O	E	T	N	D	Y	W	I	U	S	P	A	D	R	O	R	S	Q	Y	L	F	N
X	M	S	C	U	L	M	Y	L	S	B	K	N	S	A	X	G	M	D	K	K	S	M
R	T	S	L	W	H	R	X	T	A	J	A	U	Z	C	D	T	B	Y	Y	R	E	Q
V	Q	P	Q	C	Z	Z	C	I	V	Y	K	T	Q	X	E	H	O	O	U	W	E	M
A	T	Q	V	C	V	L	F	Y	J	W	F	V	O	F	I	R	P	U	D	X	I	G
A	Y	F	Z	V	R	K	J	L	A	G	H	Z	K	M	X	V	K	G	R	X	O	O
K	R	H	I	U	T	C	M	U	U	O	I	O	D	H	I	X	O	L	A	X	A	G
W	Z	F	B	V	E	L	H	R	J	X	T	L	X	U	F	C	F	N	M	A	D	C
L	T	P	P	B	I	V	W	P	Z	Z	I	O	R	M	S	R	A	N	W	F	B	Z
N	G	B	V	L	K	Z	F	F	G	F	J	C	Z	Q	M	L	T	R	I	J	U	G

NúcleoAtómico   Radiactividad   FisiónNuclear
FusiónNuclear   PartículSubatómica   ModeloEstándar
Interacciones

Termodinámica

D	D	E	G	C	J	D	T	W	R	D	X	L	P	Z	M	Z	T
X	W	T	Y	D	J	Y	X	V	W	D	I	C	P	K	X	Y	F
I	R	T	P	L	J	Q	S	I	M	N	U	I	N	W	Z	O	M
C	U	O	U	K	K	L	C	X	H	F	C	Q	M	C	N	M
J	S	I	L	R	U	I	W	F	S	V	H	L	J	N	U	U	H
H	N	R	Y	A	D	Q	L	V	K	S	E	O	L	Z	V	X	B
E	I	A	J	B	C	E	C	A	O	K	B	S	U	C	Y	U	P
C	U	M	N	Z	Y	L	C	R	K	M	L	N	Y	V	W	J	Z
H	O	E	N	E	R	G	I	A	G	N	A	H	E	W	Q	S	P
B	P	L	S	B	D	I	P	U	Z	Y	M	N	L	Y	Y	L	A
T	S	Y	U	E	G	R	Z	M	G	D	T	Y	J	A	O	Z	F
F	Y	O	E	N	T	R	O	P	I	A	O	C	L	N	O	I	Y
L	Q	B	U	R	O	I	J	M	L	Q	B	R	D	L	U	W	O
T	G	T	Q	E	E	S	F	P	D	S	Z	F	J	M	R	U	R
F	H	J	X	P	C	T	I	B	Y	G	H	W	X	O	H	H	Q
S	Q	D	L	O	P	A	Y	D	G	P	K	D	E	J	W	N	U
U	P	U	A	C	S	J	U	I	I	T	O	Y	O	F	A	I	U
D	X	D	G	J	T	Y	Y	K	X	P	B	R	K	A	M	R	S

Entropía	**Calor**	Energía
Leyes	**Ciclo**	Entalpía
BoyleMariotte		

FísicaCuántica

A	C	I	N	A	C	E	M	X	C	F	Q	I	X	J	D	G	B	O	M
J	T	J	K	J	Z	N	M	L	Q	W	I	T	G	S	Y	M	B	Z	H
Q	I	J	J	Z	O	T	R	Y	U	W	H	B	Z	T	T	U	A	J	N
N	K	C	B	R	H	R	Q	D	Z	J	U	P	Q	B	N	C	I	Y	Z
O	Q	I	O	H	L	E	E	D	Q	B	G	S	C	H	F	G	I	C	G	W
X	R	R	W	C	O	L	U	N	Z	Z	Y	D	I	C	T	Y	B	G	S
O	W	Q	U	M	W	A	J	Y	S	V	D	Q	L	E	I	Z	O	Y	R
R	E	O	K	W	L	Z	G	Z	A	T	P	K	O	N	B	D	W	V	C
B	Q	N	W	I	U	A	N	D	A	G	T	C	C	N	U	A	R	Z	K
W	D	D	D	M	M	H	M	L	V	Y	E	B	E	V	F	L	Y	J
I	Q	A	Q	G	M	I	T	W	U	O	R	E	A	N	S	V	Z	C	V
Z	D	X	Y	H	N	E	T	W	C	T	S	P	M	J	L	L	K	L	L
A	T	C	H	J	J	N	K	M	I	E	E	W	V	Y	O	M	Q	O	I
I	M	U	X	L	S	T	N	D	T	X	O	R	N	Y	J	K	C	M	U
E	D	P	R	M	I	O	U	G	R	D	W	P	G	G	V	O	X	S	N
C	B	Y	I	A	G	M	D	W	A	C	U	F	S	B	M	U	J	S	I
E	S	G	D	C	B	C	B	Y	P	U	J	U	A	W	E	H	M	S	D
T	G	K	F	R	U	A	H	Q	Z	C	Z	P	G	B	W	X	P	A	K
S	U	P	E	R	P	O	S	I	C	I	O	N	U	U	F	W	L	N	H
V	O	E	M	E	P	U	L	Q	Z	E	I	F	R	I	B	T	L	W	E

Partícula   **Onda**   **Dualidad**
Mecánica   **Superposición**   **Entrelazamiento**
Incertidumbre

CamposMagnéticos

R	F	N	Q	F	U	E	R	Z	A	Y	Z	U	O
R	E	L	O	G	O	E	P	R	H	S	D	L	Y
Z	Y	E	K	I	P	Y	A	D	A	R	A	F	Z
Y	Y	Z	D	M	C	L	L	J	H	O	A	N	S
I	Y	F	N	A	S	C	G	P	C	X	L	N	V
C	A	Y	D	N	O	H	U	I	U	Z	I	W	M
X	S	V	S	E	X	A	T	D	P	Q	J	P	V
M	P	U	H	S	V	E	C	C	N	D	P	U	K
S	J	N	S	O	N	M	Z	N	I	I	A	F	P
I	A	B	B	G	N	C	E	F	V	M	J	N	A
N	B	A	A	R	S	K	F	Y	P	F	N	M	H
C	S	M	D	A	Y	C	A	E	F	F	S	V	J
T	E	R	R	E	S	T	R	E	A	U	K	I	W
V	J	R	I	K	O	E	B	I	A	G	P	N	G

Imanes   Magnético   Terrestre
Fuerza   Ampère   Faraday
Inducción

Mecánica Cuántica

X	X	A	G	Y	S	C	B	Z	E	F	Z	A	H	H	O	M	M	C	U	T	B	T	S	S
S	D	I	I	Y	P	N	T	A	R	U	W	M	M	U	N	Y	S	D	O	P	R	O	J	V
C	K	K	W	Y	F	U	K	L	V	L	N	X	L	B	T	U	L	H	E	D	E	J	M	I
A	L	L	I	H	J	M	P	T	L	B	T	O	N	Y	H	M	I	P	E	B	T	E	O	P
G	K	C	C	W	V	R	E	C	H	X	N	I	U	P	W	N	O	F	G	O	K	U	L	J
D	E	C	O	H	E	R	E	N	C	I	A	C	U	A	N	T	I	C	A	A	E	O	T	L
L	S	R	T	P	C	V	H	Z	T	S	N	X	Y	Y	P	N	C	I	H	W	S	M	Z	X
D	E	S	Y	M	P	D	I	Y	T	R	Z	H	T	F	R	P	E	O	E	D	T	A	R	V
S	W	W	G	X	D	B	F	G	Q	W	E	Q	C	D	H	B	M	D	R	J	A	D	W	N
J	I	V	U	F	U	L	N	I	M	G	R	L	I	Q	N	G	C	X	W	I	D	A	K	Z
U	T	Z	A	B	W	F	O	M	Z	B	W	Z	A	X	P	K	B	S	Y	T	O	E	E	E
N	I	O	L	Y	G	I	X	G	T	E	Y	G	J	Z	N	A	K	J	D	Z	C	C	F	B
X	V	W	E	G	U	X	P	Y	G	X	O	C	E	S	A	D	I	X	N	D	U	M	Y	V
K	F	N	N	R	U	I	M	O	Z	J	K	S	J	S	Z	M	P	C	V	B	A	V	W	Q
I	R	Q	U	Y	D	F	I	U	P	K	X	G	M	U	X	L	I	Q	U	A	N	T	U	M
M	Y	P	T	W	Y	V	O	S	J	E	K	K	J	O	W	V	E	E	R	Z	T	B	Y	E
P	O	Q	O	V	Y	R	N	Y	B	S	R	N	G	L	H	R	A	U	N	H	I	R	D	I
L	F	Q	T	U	I	G	W	S	C	Q	X	A	P	K	X	Z	H	S	S	T	C	X	J	G
D	T	L	C	F	M	E	L	K	T	B	D	W	D	H	R	C	L	V	S	T	O	X	K	S
W	A	D	E	C	E	K	I	I	A	W	Y	Z	B	O	L	V	E	T	N	O	U	O	N	T
Q	M	X	F	L	M	U	T	K	E	V	H	O	Z	E	R	R	D	J	M	Q	Y	N	L	Z
T	A	E	E	L	L	R	P	U	J	Y	U	S	M	V	D	E	Z	D	J	U	N	X	L	G
O	U	A	A	V	P	P	M	G	C	S	M	X	U	P	U	R	S	L	U	I	K	H	X	R
N	A	S	N	K	R	P	X	Y	W	I	R	N	Z	P	B	Z	R	H	D	Y	I	W	B	Z
T	Y	K	B	W	Z	Q	P	T	R	N	W	C	I	H	U	I	K	P	Q	K	D	E	V	F

Quantum
Efectotúnel
Entrelazamiento

Estadocuántico
Operadores

DecoherenciaCuántica
Qubits

FuerzasPrincipales

X	L	P	Q	I	N	T	E	R	A	C	C	I	O	N	N	U	C	L	E	A	R	D
B	R	I	A	H	Y	T	L	R	E	T	S	X	K	O	T	Y	Q	L	L	V	C	P
Q	C	Y	B	M	L	O	E	K	V	H	V	B	B	O	Z	R	H	D	X	O	S	M
F	X	B	P	E	T	F	C	O	I	T	F	A	B	H	E	M	Z	R	U	A	K	U
H	E	M	L	W	D	M	T	B	G	N	Z	B	V	T	Q	B	Y	A	U	J	B	K
R	A	A	G	R	P	N	R	V	K	R	R	Z	R	Y	P	L	X	B	Y	O	Y	S
E	T	R	E	U	F	N	O	I	C	C	A	R	E	T	N	I	C	E	V	R	A	M
F	J	K	Y	G	X	M	M	I	R	J	K	V	F	S	Y	V	A	C	N	C	P	D
H	T	F	P	E	C	I	A	D	C	V	R	Q	I	K	B	R	H	G	N	N	V	A
G	U	H	B	M	F	O	G	Z	I	C	K	M	Y	T	O	S	X	S	G	M	M	I
O	D	K	N	Q	Z	H	N	T	D	P	A	G	F	G	A	K	E	S	K	C	A	G
H	R	L	W	K	P	L	E	S	I	A	Q	R	Z	I	N	C	O	Z	I	V	A	U
I	N	F	H	W	S	T	T	P	S	K	Y	W	E	A	I	I	I	V	I	O	U	B
S	A	C	H	J	S	W	I	Z	P	Q	S	W	O	T	X	F	M	O	J	E	Z	G
C	F	U	Z	B	X	T	S	G	X	G	Y	Y	T	A	N	Q	P	E	N	Q	R	K
R	P	J	E	O	W	Z	M	F	E	W	Z	V	R	S	G	I	Z	I	B	A	M	F
Z	L	P	N	Q	D	B	O	S	O	N	E	S	X	R	O	F	C	B	V	B	L	P
D	M	V	P	U	M	U	X	T	Z	H	L	T	O	F	U	Y	K	E	P	O	Q	J
P	S	V	E	J	B	A	F	Q	P	H	Z	F	M	J	U	K	D	O	Q	G	Y	U
O	H	I	F	X	Q	B	H	X	U	S	X	Y	N	G	S	A	A	P	J	S	M	X
H	P	H	W	E	H	S	X	D	R	K	E	X	U	H	D	V	S	F	Y	Q	C	C
N	E	R	N	F	Q	Q	S	O	D	R	Z	Z	H	F	K	U	Z	D	Y	S	U	R
X	I	V	U	X	H	R	K	B	W	J	C	V	H	O	H	J	E	F	W	D	S	E

Gravedad

InteracciónDébil

Bosones

Electromagnetismo

Gravitacional

InteracciónFuerte

InteracciónNuclear

Fenóm.Ondulatorios

S	C	R	F	K	R	J	U	J	E	A	B	B	B	W	T	Y	U	P	M	Q
G	P	C	J	Q	X	K	F	L	V	S	F	K	E	R	K	Z	J	W	L	H
E	Z	T	E	Q	Z	S	F	S	N	U	R	J	S	J	R	B	F	B	S	X
C	R	E	W	J	G	D	Y	C	F	M	F	V	M	T	O	W	E	G	R	Q
T	W	O	E	U	S	N	U	W	X	U	I	N	X	F	R	A	G	R	P	Z
J	Y	S	L	X	K	R	A	Y	J	O	F	X	E	W	M	I	J	O	S	J
L	B	C	I	F	C	W	K	N	L	T	L	C	V	J	U	R	G	E	X	A
P	S	I	L	A	I	A	B	Z	V	G	C	H	T	O	L	A	W	Y	M	X
K	H	L	W	K	Y	W	X	K	R	V	A	S	F	G	L	N	F	H	C	M
X	A	A	X	X	E	H	V	D	F	Z	N	P	G	J	O	O	A	M	N	J
Y	Q	C	W	U	H	J	I	Q	P	Y	H	A	C	J	N	I	N	F	I	H
B	A	I	C	N	E	R	E	F	R	E	T	N	I	V	G	C	I	R	J	O
U	Y	O	V	R	O	C	O	P	L	M	P	L	Y	Q	I	A	A	E	E	H
Z	M	N	B	T	F	I	T	Z	S	K	T	K	U	Y	T	T	I	F	Y	U
Q	E	K	Z	P	J	L	C	G	B	A	Z	I	H	O	U	S	A	I	W	J
R	C	W	S	V	T	V	J	C	G	F	U	C	C	P	D	E	Y	S	G	Y
U	K	T	H	F	W	X	P	L	A	N	G	Z	I	U	O	A	S	O	O	E
F	A	I	C	N	A	N	O	S	E	R	U	Y	M	O	N	D	E	H	I	B
T	B	K	C	U	I	Z	Q	D	D	D	F	N	X	T	D	N	R	E	I	P
N	K	N	C	O	A	R	W	N	I	L	S	I	T	T	A	O	J	O	Z	D
N	W	C	X	F	N	A	M	P	L	I	T	U	D	D	C	R	I	G	B	P

Interferencia   Difracción   OndaEstacionaria
Resonancia   LongitudOnda   Amplitud
Oscilación

TªRelatividadGeneral

V	I	O	P	C	X	K	X	A	G	U	J	E	R	O	N	E	G	R	O	M	D
V	L	L	P	N	U	U	H	B	K	P	M	S	D	X	K	Z	F	M	C	M	X
H	X	P	I	U	O	R	F	D	H	C	Z	X	T	O	U	K	L	U	D	B	B
W	F	P	I	D	S	P	V	P	D	E	U	L	L	T	C	T	T	E	G	M	J
U	A	C	D	A	D	I	R	A	L	U	G	N	I	S	E	E	X	T	E	P	E
G	U	T	M	W	M	B	N	J	T	J	T	G	Q	A	D	P	X	X	A	Y	B
T	A	E	N	Y	W	T	E	K	Z	U	E	U	L	V	A	G	A	H	E	E	I
E	L	N	A	Y	M	X	W	Z	P	M	R	K	G	N	E	W	O	X	X	W	H
H	T	S	A	O	N	E	O	O	M	P	V	A	S	N	Z	Y	F	E	L	N	E
W	Q	O	K	T	X	C	Q	D	X	X	M	I	E	W	E	G	O	R	R	K	P
C	L	R	C	Q	J	H	H	N	C	C	O	R	S	S	A	O	F	A	V	A	E
J	J	M	O	G	P	Y	H	Q	O	N	G	O	X	Q	P	I	T	H	W	N	K
O	W	E	H	F	H	G	N	F	U	I	B	A	M	Z	E	A	J	F	C	Z	T
S	C	T	G	G	M	G	H	N	A	M	C	Y	D	W	V	G	C	A	D	S	E
I	R	R	J	A	A	D	I	O	N	W	J	A	Q	T	P	R	K	I	H	Y	W
A	V	I	Q	C	O	V	S	C	K	I	F	W	T	M	H	A	U	J	A	L	O
U	K	C	L	I	E	C	R	W	K	V	L	R	Y	I	O	W	H	U	Y	L	D
Z	E	O	E	R	U	M	H	J	A	A	Z	L	W	F	V	Q	B	H	Y	O	Q
E	H	Q	S	R	X	I	B	F	S	V	U	I	C	H	L	A	Q	O	X	P	N
E	A	O	A	G	B	P	J	T	M	Z	A	X	U	Z	Y	S	R	P	G	K	K
B	O	J	P	S	D	R	H	F	U	V	M	P	I	Y	F	X	C	G	U	A	Z
Y	H	Q	W	A	G	A	L	U	L	I	V	F	D	O	V	C	X	N	K	K	T

CurvaturaEspacial   TensorMétrico   Singularidad

AgujeroNegro   EnergíaOscura   ExpansiónUniverso

Gravitación

Princip.Conservación

J	M	Y	Y	T	X	Z	B	P	A	Q	X	E	H	G	H	Z	J	J	O	E	W	E
M	X	Z	S	M	C	K	Z	Q	E	Q	K	F	L	A	V	H	R	I	G	A	Q	P
X	T	V	K	O	H	D	P	P	D	U	E	Y	P	A	A	T	Q	T	U	M	N	I
O	C	S	B	M	L	T	T	U	E	D	R	S	N	W	D	J	Y	D	V	V	L	L
R	C	D	L	E	O	D	T	Q	A	J	W	W	F	N	C	P	P	Z	Y	Z	T	K
H	L	C	A	N	T	I	D	A	D	M	O	V	I	M	I	E	N	T	O	C	J	R
N	E	G	F	T	T	S	H	V	L	Y	E	J	U	D	A	Y	U	O	A	P	E	A
W	F	E	B	O	X	U	J	J	Y	E	G	N	Q	U	H	A	M	R	Z	X	B	O
V	A	G	Y	A	H	X	H	C	T	B	O	F	I	W	U	S	G	S	Y	K	A	D
U	U	P	X	N	C	S	L	E	N	E	R	G	I	A	S	A	X	K	V	A	H	G
U	P	D	D	G	H	C	O	H	S	D	V	X	J	E	M	S	E	M	M	E	Q
T	T	C	N	U	T	N	D	C	C	T	X	L	R	L	V	A	B	R	R	B	P	P
J	F	V	Q	L	C	J	A	O	E	C	P	W	E	I	A	L	A	D	X	Z	C	M
C	Y	X	F	A	W	W	R	H	O	B	C	S	B	K	E	U	U	L	L	J	N
R	Y	I	F	R	B	A	R	D	X	P	T	K	A	M	L	D	N	K	R	D	C	V
S	H	E	D	Q	G	J	B	F	Z	R	Y	Q	X	A	D	J	I	O	G	G	E	Q
V	M	O	M	E	N	T	O	L	I	N	E	A	L	G	S	H	R	U	H	F	P	W
V	O	G	U	R	G	N	Z	C	D	E	L	A	P	A	R	I	D	A	D	Q	J	Z
G	J	F	T	E	I	I	A	V	S	G	M	N	G	L	Q	F	A	R	U	G	H	I
X	S	C	I	X	S	D	A	E	T	O	D	K	K	Q	N	M	H	W	X	G	D	P
S	M	T	L	V	W	D	D	V	B	D	A	C	X	Y	K	H	X	F	R	I	E	B
D	N	Q	H	J	J	Z	B	J	V	N	E	J	V	M	Z	K	T	I	W	D	O	D
S	G	H	H	X	T	V	L	Q	U	E	X	X	P	H	F	F	J	E	M	O	G	F

Energía   MomentoLineal   MomentoAngular
CargaEléctrica DeLaMasa   CantidadMovimiento
DeLaParidad

Termodin.Estadística

E	J	G	G	Q	D	K	W	Z	B	Q	H	Y	G	R	J	J	P	Z	L	Z	C
U	J	M	E	Q	D	N	W	Y	G	N	E	X	L	L	L	F	P	I	D	O	I
M	S	M	L	Z	R	B	J	H	Z	B	W	B	W	R	A	S	C	S	J	D	N
W	Q	V	B	F	B	J	Y	I	N	O	S	L	Z	M	J	E	X	U	C	R	E
Q	M	B	I	U	U	J	U	H	L	J	V	E	M	C	S	A	D	H	P	A	T
W	N	U	S	A	S	N	V	S	G	Q	E	D	N	J	E	G	W	I	J	B	I
B	C	D	R	B	U	Y	C	W	B	E	X	E	R	T	Q	L	M	P	S	O	C
G	K	Z	E	S	I	K	R	I	C	R	V	E	D	T	R	P	I	S	V	A	A
J	Y	B	V	Z	C	M	S	L	O	A	T	R	S	U	L	O	L	V	S	D	G
R	R	G	E	L	K	R	I	U	S	N	A	L	R	L	J	N	P	Z	E	F	A
O	Y	W	R	U	X	J	H	W	Q	C	P	H	C	I	Q	J	V	I	S	I	S
G	D	Y	O	D	Q	O	T	N	C	A	G	A	B	X	B	Z	E	N	A	L	E
B	O	J	S	J	Y	P	E	Q	U	I	P	A	R	T	I	C	I	O	N	X	S
V	G	R	E	N	T	R	O	P	I	A	B	O	L	T	Z	M	A	N	N	L	A
B	E	N	C	Q	Q	B	O	Q	A	K	S	O	K	J	I	G	A	T	V	I	Y
U	R	W	O	M	J	I	G	B	F	G	D	N	L	X	H	C	O	E	V	S	F
U	E	N	R	D	B	X	O	C	H	W	F	Y	W	E	P	R	I	K	U	Q	C
Z	Q	F	P	X	V	Z	D	K	Q	F	X	J	D	T	L	P	Z	O	U	B	T
D	B	Q	R	Z	L	M	O	T	H	B	L	A	J	W	J	W	N	U	N	H	J
N	Z	T	Q	S	Y	T	V	R	Y	I	R	M	H	B	H	W	J	R	I	Y	C
P	S	J	M	M	N	R	R	T	B	G	D	W	E	J	H	W	W	Q	M	V	R
M	X	A	G	U	Q	X	Z	W	B	G	J	U	G	E	Q	Y	E	C	W	P	N

Entropía   Equipartición   GasIdeal

EntropíaBoltzmann   ProcesoReversible   FunciónPartición

CinéticaGases

Física de Partículas

L	W	C	G	F	L	P	Y	U	S	C	D	G	E	Z	F	X	A	J
F	Y	F	R	M	M	B	T	Q	Z	Q	Q	R	S	J	X	V	B	N
T	J	L	D	O	S	K	K	M	G	M	H	W	E	K	T	J	C	E
X	L	P	K	D	M	E	B	H	D	R	Q	A	R	O	R	A	X	E
G	B	Q	J	E	A	O	Q	I	G	Q	Q	O	O	I	A	T	Q	
R	Y	V	C	L	A	T	D	U	G	U	T	P	D	S	W	X	U	I
D	E	F	B	O	U	C	L	I	X	R	N	Z	A	E	L	C	K	Q
Q	H	O	R	E	L	E	P	J	N	B	D	N	R	B	Y	Z	S	L
C	L	N	E	S	P	I	L	V	P	A	G	F	E	E	S	R	G	K
W	P	G	Z	T	T	D	S	S	T	Z	M	N	L	G	C	O	T	B
J	Q	V	O	A	K	K	G	I	K	Y	U	I	E	S	W	V	D	V
J	V	N	O	N	V	L	W	T	O	W	V	F	C	M	F	N	J	P
Q	E	N	N	D	F	S	V	Y	I	N	I	X	A	A	L	S	X	O
S	K	R	J	A	O	T	Q	J	P	O	E	F	A	Q	I	L	F	P
R	W	E	P	R	M	L	P	E	V	S	H	S	F	P	F	D	K	H
X	Z	K	Q	Q	O	E	X	A	K	O	H	Q	J	H	F	A	K	D
M	V	O	X	I	X	Y	D	P	L	B	P	M	E	E	D	C	B	
T	V	M	O	P	H	N	I	Z	H	B	Q	X	Q	O	W	I	Q	U
K	L	V	V	B	M	F	D	X	D	H	N	E	Y	U	H	K	V	O

Quarks	**Leptones**	**BosónWyZ**
Cromodinámica	**ModeloEstándar**	**Aceleradores**
Colisiones		

Ecuaciones Maxwell

L	L	L	Y	Z	T	A	D	L	I	V	N	G	O	T	L	Z	L	Y	S	T	X
B	A	E	N	X	F	V	B	L	N	F	O	C	C	L	E	J	U	U	J	K	I
J	K	Y	Y	I	R	E	H	E	E	M	E	H	D	A	P	U	I	F	R	F	I
W	A	G	M	G	T	J	V	W	S	J	C	F	B	P	B	J	K	Y	F	E	X
B	O	A	Y	V	A	T	D	X	H	G	U	N	R	L	M	R	X	V	B	G	J
T	Y	U	Q	M	M	U	X	A	V	V	A	O	K	G	K	O	Z	U	J	R	M
G	I	S	J	V	M	W	S	M	O	P	C	W	J	L	M	Q	Z	L	Y	O	Q
W	K	S	G	T	J	G	P	S	Z	E	I	G	P	S	Q	V	L	G	U	B	W
O	U	M	J	A	B	K	K	E	E	Y	O	V	I	K	J	E	W	J	K	T	S
F	N	A	L	V	F	Q	T	Y	P	L	N	T	J	F	W	I	E	I	W	M	N
P	S	G	B	I	D	H	C	E	P	Y	E	W	T	X	K	T	Y	I	D	U	U
W	V	N	D	W	U	R	D	L	V	N	S	C	A	H	E	S	W	V	K	V	B
T	W	E	W	U	V	R	F	J	G	X	D	M	T	W	S	K	B	X	D	B	C
C	H	T	B	M	V	Y	R	A	V	I	E	V	T	R	R	A	G	V	C	T	J
U	Y	I	S	A	H	Z	M	S	R	R	O	U	C	G	I	Z	N	N	L	T	H
D	U	C	U	D	U	O	G	L	E	A	N	B	I	M	D	C	Y	B	E	T	A
H	R	O	O	E	R	N	D	P	W	Y	D	M	A	Q	V	H	O	G	A	S	Y
J	Z	U	Y	T	R	O	M	A	V	W	A	A	D	Y	J	G	P	X	A	W	W
N	D	C	C	S	A	N	W	V	M	V	S	Y	M	B	Y	R	W	Z	S	O
U	N	E	L	J	J	N	R	P	R	N	L	H	D	R	V	W	F	V	A	D	P
H	L	C	R	Z	L	J	K	K	J	K	C	V	I	P	I	D	B	Z	Y	L	M
E	Q	A	A	D	O	J	D	U	X	U	J	S	K	I	Y	V	T	K	E	R	X

LeyGaussElectrico   Faraday   LeyGaussMagnético
AmpèreMaxwell   EcuacionesDeOnda   LeyesMaxwell
Electromagnetismo

F.Nuclear Aplicada

Z	Z	K	X	W	G	N	Q	I	Z	D	I	E	E	G	L	P	Y	G	A	F
J	Y	A	F	A	G	U	N	S	Y	K	S	L	O	M	R	K	U	W	X	I
F	G	M	X	Y	B	P	Q	C	B	G	D	F	I	C	V	N	K	B	F	R
R	R	I	B	R	L	J	V	L	E	L	P	E	C	X	N	F	Q	A	R	D
L	Z	K	E	U	U	K	O	J	U	W	W	U	I	Y	M	N	L	D	R	T
W	L	P	I	C	P	E	H	J	Q	B	H	V	D	P	O	A	R	A	S	P
I	Y	Z	F	U	S	I	O	N	C	O	N	T	R	O	L	A	D	A	V	I
A	M	K	K	H	F	P	N	R	P	C	L	I	E	D	Z	I	J	T	H	C
R	H	Q	H	A	F	C	U	I	E	P	R	O	P	K	O	L	D	A	K	U
B	Y	M	B	I	W	L	T	H	C	A	W	Q	S	M	X	P	Y	N	X	K
N	I	M	C	G	O	T	L	D	C	D	C	E	E	K	M	Y	C	H	H	G
J	N	E	M	O	E	E	M	U	D	L	X	T	D	F	X	R	V	L	M	R
Y	D	C	Y	L	E	O	Q	L	H	Y	R	E	O	A	Y	L	D	N	H	W
Z	V	Q	K	O	I	J	R	A	D	I	O	T	E	R	A	P	I	A	L	E
N	W	K	H	N	G	D	A	L	C	X	M	R	Y	B	E	A	V	N	V	Y
Q	V	F	O	C	S	P	S	A	Y	O	D	U	D	G	E	S	W	N	R	D
M	Z	G	M	E	D	I	C	I	N	A	Y	L	S	X	T	P	Z	S	J	G
C	L	N	P	T	J	C	H	K	P	C	W	V	O	H	C	V	V	W	R	E
Y	Z	M	Q	S	I	O	V	L	M	G	B	M	S	Q	Z	A	P	O	R	R
Q	F	K	I	G	J	B	T	R	I	B	S	V	V	N	W	O	M	P	A	O
V	A	R	Y	W	O	H	K	X	D	H	O	I	R	L	N	Q	C	W	X	O

Medicina	Reactores	Radiométrica
Radioterapia	Desperdicio	FusiónControlada
Tecnología		

Fluidodinámica

B	D	N	P	Z	W	L	L	Q	S	Q	D	A	T	L	J	J	I	A	T	F	R
L	D	I	F	D	Q	C	F	B	P	M	B	X	H	S	G	J	N	M	V	L	F
A	A	G	L	F	B	N	Y	G	D	L	I	U	J	J	W	G	O	U	S	C	I
N	D	X	U	S	L	Z	F	N	E	Z	K	R	I	K	E	L	B	N	U	G	J
O	I	E	J	K	I	D	B	N	D	T	B	N	A	G	X	Q	F	D	C	J	X
I	C	L	O	P	B	M	U	J	R	Y	T	S	P	X	J	L	Z	N	V	G	V
C	I	R	L	K	U	V	M	Q	W	M	E	F	G	A	V	L	H	S	J	K	J
A	T	R	A	U	R	N	L	X	M	G	Y	K	J	A	X	Y	O	E	J	H	S
T	S	A	M	W	O	V	L	M	U	P	D	L	N	V	P	P	J	S	M	O	B
U	A	C	I	M	A	N	I	D	O	R	D	I	H	U	Z	M	C	F	V	R	Y
P	L	H	N	E	N	J	R	H	O	B	K	Y	L	O	G	T	L	B	M	U	X
M	E	Y	A	V	T	K	X	E	E	Y	U	K	Y	G	F	L	C	Z	F	E	I
O	O	Y	R	T	P	I	R	H	B	X	L	E	Q	D	I	T	G	X	A	J	I
C	C	Y	U	T	E	S	M	M	U	N	C	K	M	R	U	F	P	R	Y	O	B
T	S	K	Q	Q	Y	G	O	I	V	R	O	P	Z	V	N	H	B	R	I	D	H
M	I	P	B	F	L	R	R	H	L	R	F	I	E	R	O	C	Q	S	O	A	V
B	V	B	M	P	X	Y	A	A	M	A	V	R	C	U	V	S	F	W	L	S	D
J	I	I	L	F	V	Y	B	S	U	Q	P	X	E	A	U	W	X	Z	I	E	X
A	P	F	R	A	V	G	L	R	H	P	R	A	A	P	U	W	M	R	P	R	M
N	X	Q	I	I	L	L	V	B	K	Y	H	V	C	X	Q	C	B	G	T	P	E
Y	O	F	L	U	J	O	T	U	R	B	U	L	E	N	T	O	E	Z	O	T	P
Q	E	U	N	N	B	L	L	G	W	W	O	L	D	A	L	S	R	L	P	Z	G

FlujoLaminar   FlujoTurbulento   EcuaciónBernoulli
Viscoelasticidad   Computacional   Hidrodinámica
CapaLímite

Información Cuántica

V	O	V	N	N	E	A	G	Q	H	Q	X	N	K	E	B	K	W	E	H	B	S	M
C	Z	O	P	J	O	Z	G	M	B	J	H	X	A	Y	Y	X	Q	O	E	S	E	S
F	J	D	A	A	Z	I	P	O	H	R	N	L	X	R	F	H	F	B	Q	O	M	L
U	A	O	H	G	L	F	C	W	M	M	L	Y	Y	R	F	E	Q	Z	U	C	M	T
R	U	K	H	U	Q	T	T	A	I	F	K	Z	J	H	A	E	E	V	X	I	X	O
Y	C	V	A	L	F	F	L	C	N	O	K	M	G	S	N	V	T	J	H	T	P	G
P	I	M	T	F	U	E	Q	H	Z	O	Q	U	T	Z	S	D	I	H	H	N	D	S
Z	E	K	I	P	M	G	S	Y	W	B	L	H	O	T	X	W	H	W	N	A	J	U
X	A	C	D	E	C	O	D	I	F	I	C	A	C	I	O	N	W	O	U	M	T
A	N	G	C	C	E	C	U	K	D	H	Q	C	O	T	Q	L	H	O	H	C	L	O
E	Y	T	E	L	E	P	O	R	T	A	C	I	O	N	K	C	Y	A	Q	S	D	S
T	W	A	M	Q	C	D	F	B	T	C	Z	J	F	O	A	D	H	I	V	O	K	Z
J	P	C	R	N	T	S	R	S	A	M	T	T	Y	W	G	M	B	F	O	D	I	W
P	D	H	K	O	T	L	T	T	D	O	V	S	V	S	R	T	E	A	B	A	B	M
R	Y	K	C	W	O	O	Q	C	K	S	K	G	I	N	D	O	U	R	V	T	I	I
R	N	C	Z	D	P	G	T	Y	N	D	P	T	S	O	O	G	N	G	O	S	V	L
C	W	C	T	L	S	Q	T	O	S	Y	P	T	W	E	N	Z	A	O	Z	E	Z	D
K	J	Y	O	L	W	K	P	I	V	V	J	D	C	L	S	S	A	T	H	A	T	L
K	H	M	C	C	I	U	L	O	W	V	K	N	U	Y	C	C	T	P	P	V	H	O
S	K	I	N	U	K	I	V	U	H	A	P	G	P	C	S	L	T	I	N	X	A	L
Q	Q	Y	L	F	A	O	Y	M	R	W	S	D	T	N	U	K	L	R	B	Y	P	N
F	I	R	A	N	L	V	A	L	G	O	R	I	T	M	O	S	V	C	R	U	D	K
G	P	W	T	W	I	C	D	A	F	S	N	A	H	H	Z	Q	Y	B	V	O	Q	X

Qubits   Teleportación   Criptografía

Algoritmos   EstadosCuánticos   Decodificación

TeoremaNoClonación

Campos

N	J	E	M	B	F	M	J	S	X	P	A	F	X
K	U	Y	R	W	K	A	V	W	B	C	T	I	S
L	D	N	J	T	I	G	R	X	C	U	I	D	B
Q	S	G	N	O	S	N	Y	A	E	N	U	Y	J
C	E	R	F	M	L	E	K	H	D	K	K	D	D
X	H	B	G	V	J	T	R	U	O	A	A	E	A
L	L	F	F	H	Z	I	C	R	D	Y	Y	X	R
U	U	A	X	F	M	C	H	H	E	A	R	Q	N
N	G	Z	P	A	I	O	C	R	U	T	O	D	Q
P	M	R	N	O	A	N	E	J	Y	K	W	B	Z
B	Z	E	N	J	R	P	X	S	H	A	R	A	W
P	S	U	H	U	M	M	W	N	B	Z	M	N	E
P	E	F	Q	A	H	P	Y	M	O	B	N	G	V
R	A	A	B	L	O	Z	N	E	D	D	U	Z	V

Imanes   Magnético   Terrestre
Fuerza   Ampère   Faraday
Inducción

Electricidad

A	H	H	M	M	E	A	D	W	X	F	W	Z	L	B	H	C	A
A	F	T	T	B	B	B	R	J	T	R	T	Z	I	W	X	U	A
J	T	G	B	P	A	I	E	R	M	V	B	J	D	I	Z	F	Q
Z	E	D	G	B	G	G	O	G	T	X	O	L	C	V	C	E	A
Y	Y	I	H	E	L	E	C	T	R	O	M	O	T	R	I	Z	X
D	L	K	C	H	U	Y	Y	N	S	A	X	S	V	F	Z	O	O
T	R	S	P	O	T	E	N	C	I	A	L	D	X	J	B	H	B
S	B	V	V	G	R	A	R	Z	T	E	V	C	B	X	I	F	U
Y	C	G	E	T	L	R	V	P	G	T	A	A	U	H	A	C	Y
R	R	O	I	T	R	U	I	G	C	W	M	M	R	M	V	T	N
R	T	K	U	F	H	L	W	E	L	A	O	P	H	T	S	A	W
M	T	H	J	L	P	V	J	B	N	H	O	O	L	S	I	Z	D
T	M	F	S	H	O	S	R	N	N	T	E	B	N	A	U	A	P
L	B	B	W	A	M	M	O	N	S	G	E	R	H	L	U	K	U
C	Z	E	X	D	C	A	B	U	D	V	G	E	B	C	A	M	Y
C	Q	U	W	W	D	T	U	G	R	N	B	V	K	D	Y	V	H
N	T	G	Q	S	K	B	V	D	E	L	D	F	A	P	P	R	Y
R	U	A	E	W	F	L	O	A	J	L	A	D	Z	B	L	Q	A

Coulomb	Potencial	Corriente
Ohm	Electromotriz	BiotSavart
Campo		

Ondas

M	Q	N	R	U	O	Q	K	X	P	I	T	W	U	K
G	X	B	B	I	J	Z	P	P	P	J	E	M	A	X
W	S	A	D	N	O	O	R	C	I	M	C	M	C	E
A	E	K	S	F	F	Z	W	F	J	T	M	O	V	S
E	B	F	R	R	C	T	X	H	D	A	I	Z	C	P
P	R	Q	H	A	H	B	R	G	G	P	A	V	R	E
U	D	M	S	R	L	A	S	V	H	O	W	O	T	C
F	J	D	A	R	Y	X	L	D	R	H	P	B	N	T
E	Y	O	Q	O	W	V	V	U	N	G	M	T	L	R
S	D	B	S	J	O	U	P	T	Z	S	A	S	V	O
K	L	R	R	O	T	G	S	K	A	J	V	J	Q	R
J	R	A	D	I	A	C	I	O	N	L	U	K	Q	U
X	U	F	N	S	P	S	E	E	P	H	N	O	K	C
S	M	S	B	G	K	U	M	X	R	W	W	C	R	N
H	G	A	F	O	D	F	X	N	A	I	J	Q	F	A

Espectro	**Radiación**	Microondas
Infrarrojo	**Luz**	Rayos
Gamma		

Relatividad

N	G	V	D	O	Y	D	O	E	W	Z	Z	M	M	J	F
F	Z	A	I	J	P	X	N	V	V	A	S	F	S	X	G
I	N	P	D	J	V	S	K	J	V	W	Y	E	Y	M	O
D	O	Y	V	I	A	J	E	I	P	I	L	F	S	U	I
A	I	B	P	H	H	P	S	K	W	V	X	G	P	Q	T
K	C	L	H	Y	D	Z	P	M	I	D	B	X	U	J	B
V	C	S	A	D	R	Z	A	Q	A	N	Z	H	R	C	G
F	A	N	A	T	S	S	C	D	G	H	R	H	R	L	Z
O	R	I	L	P	A	N	I	G	E	W	C	V	Y	H	S
G	T	D	N	F	G	C	O	J	Y	Z	B	C	Q	E	S
B	N	F	B	W	O	K	I	R	O	S	E	R	Y	P	R
X	O	M	L	L	A	R	X	O	T	W	N	L	E	U	M
A	C	T	E	C	B	R	L	J	N	A	J	D	U	M	N
C	K	V	S	J	I	J	M	G	T	A	U	T	Z	Q	K
K	P	W	S	D	G	I	S	T	D	M	T	C	U	F	U
P	Z	O	F	Z	L	B	P	V	A	N	D	G	P	L	Q

Espacio	Velocidad	Dilatación
Contracción	Masa	Cuatro
Viaje		

Teoría Cuerdas

O	X	C	I	J	H	K	P	P	T	G	V	V	P	F	B	B	O	Y	P	F
P	T	S	Y	S	E	N	O	I	S	N	E	M	I	D	N	C	F	M	O	K
J	X	Y	D	Z	Z	P	J	I	N	O	A	K	R	S	I	T	X	D	G	W
I	K	U	R	N	M	A	I	R	O	E	T	U	U	F	O	E	M	I	R	O
U	W	M	U	E	N	I	D	F	I	M	T	Z	P	S	Q	V	O	O	W	P
R	Z	H	Y	H	R	D	F	U	C	J	E	V	Z	Y	N	M	R	N	A	G
Z	A	J	Z	X	I	W	S	S	A	I	O	J	I	M	Q	U	H	O	B	X
I	W	G	L	N	Z	M	L	K	C	L	R	S	W	Z	G	E	J	G	P	Q
Y	X	N	Z	P	W	T	A	J	I	Q	I	Y	N	R	F	S	V	C	U	F
O	E	G	T	Z	K	Q	S	R	F	T	A	D	A	M	R	Z	G	Q	A	A
C	O	M	D	X	E	K	X	M	I	G	X	V	A	Y	L	V	G	J	U	T
V	U	K	K	E	C	L	I	W	T	A	E	X	C	D	Y	W	E	A	L	P
A	U	E	J	X	C	G	H	M	C	D	O	Y	J	C	I	F	A	F	Z	X
L	T	O	R	N	X	N	G	G	A	P	U	F	W	Z	W	F	O	N	F	A
J	N	G	K	D	M	P	B	D	P	K	Z	Y	A	S	N	K	X	E	G	Q
D	W	Y	W	J	A	L	Q	S	M	C	X	R	D	A	Z	P	L	Z	D	H
U	S	T	X	B	I	S	K	O	O	H	X	Q	O	J	X	H	X	Y	Z	Y
Z	T	Q	Y	N	Z	S	K	S	C	R	U	E	J	F	M	R	X	O	Z	T
U	K	O	N	D	V	E	B	D	R	T	D	R	X	U	L	F	O	U	Q	N
Q	F	W	Z	Y	N	D	Q	M	E	O	O	E	T	O	M	U	P	F	Y	C
D	N	Z	E	J	B	O	W	M	K	W	O	U	U	J	G	A	A	X	Y	F

Dimensiones   **Cuerdas**   **Dualidad**
Gravedad   **Teoría**   **TeoríaM**
Compactificación

Mecánica

M	A	Q	U	I	N	A	S	I	G	L	C	Y	Q	T
Z	O	L	Z	X	O	D	C	Y	E	B	C	E	Q	E
L	U	C	P	H	P	D	N	T	V	S	Y	L	V	U
D	J	Y	I	Z	E	W	R	Q	L	Y	R	H	Q	O
O	E	E	T	S	S	E	B	U	P	U	M	N	L	Y
H	T	M	U	Q	Y	N	W	J	O	G	B	Q	L	E
X	A	N	B	A	N	O	X	C	J	N	E	I	K	D
L	E	Y	E	S	I	I	N	A	A	R	A	Z	P	B
P	Q	W	A	I	B	C	G	R	B	A	E	R	T	Q
Q	I	B	U	I	M	C	N	M	A	B	F	O	A	M
W	Y	X	H	T	G	I	K	E	R	G	R	Y	P	I
Z	K	O	Z	W	F	R	V	R	T	C	E	O	T	E
K	L	K	P	X	A	F	E	O	D	O	O	N	C	K
W	X	T	M	T	G	Y	H	N	M	O	P	I	G	A
C	Z	P	B	C	N	J	H	H	E	A	K	I	B	Z

Movimiento   Leyes   Fricción

Trabajo   Energía   Potencia

Máquinas

Óptica y Luz

B	K	A	M	K	P	F	F	E	U	Y	F	H	W	C	P	S	E	F	W	L
T	U	W	M	F	C	L	P	H	G	L	D	U	V	E	F	K	D	M	M	I
L	I	V	K	P	F	V	O	Y	G	D	G	U	E	V	Y	M	I	G	T	Z
J	U	O	Q	X	R	H	L	X	R	C	T	X	W	E	G	W	P	U	E	T
D	J	Z	Q	V	Q	R	A	F	P	I	V	L	N	S	E	S	N	O	C	P
N	A	N	M	W	N	D	R	R	F	D	N	Z	E	R	W	G	G	P	H	Q
V	S	I	B	O	R	L	I	V	N	U	X	W	S	P	R	H	M	T	Y	D
D	W	P	F	E	N	C	Z	D	M	Z	Z	M	D	N	V	K	O	I	Z	F
I	N	X	H	A	P	O	A	B	F	S	P	Q	M	T	M	M	Q	C	E	R
Z	B	P	Z	G	R	M	C	W	M	A	X	I	X	E	N	O	M	A	X	H
V	X	L	B	L	L	G	I	R	R	B	D	D	S	T	A	D	S	A	R	Y
R	P	I	L	Z	M	Z	O	Y	O	X	M	P	A	O	N	I	Y	D	P	N
K	P	I	Y	Y	K	I	N	L	K	M	E	Z	J	O	T	F	L	A	H	X
K	B	I	J	Y	O	V	B	F	O	C	A	F	F	N	W	R	N	P	M	E
J	F	G	T	P	D	S	H	D	T	H	F	T	X	Y	Y	A	E	T	U	D
W	A	D	S	V	F	I	B	R	A	O	P	T	I	C	A	C	M	A	X	M
F	W	E	R	H	H	B	O	N	E	N	Y	N	A	C	Z	C	H	T	P	X
M	H	I	F	Q	Q	B	B	W	Y	Y	O	C	L	S	A	I	F	I	E	C
G	A	N	I	O	T	C	D	F	G	L	R	E	R	Y	Q	O	C	V	C	O
S	C	Q	X	U	T	I	J	G	S	K	T	V	P	L	R	N	J	A	E	K
T	T	X	G	P	U	X	J	A	O	R	H	K	U	X	O	T	W	C	O	S

Difracción　　　　**Espectro**　　　　**FibraÓptica**
Polarización　　　**LuzMonocromática**　**ÓpticaAdaptativa**
Holografía

Mecánica Clásica

O	X	P	L	B	I	D	A	U	K	U	J	F	W	I	K	I	C	H	Y	D	D
D	Y	K	Q	M	R	O	R	Y	A	H	Y	A	I	L	B	J	X	M	E	M	E
A	F	X	U	U	H	R	X	U	R	C	F	P	C	T	N	E	C	I	Z	O	L
J	O	Q	E	U	D	J	L	V	P	B	W	A	Q	I	N	U	L	A	L	M	A
E	X	G	F	K	C	W	O	G	R	F	C	I	N	E	M	A	T	I	C	A	G
I	O	J	N	G	L	R	A	Z	I	Q	P	S	R	W	F	A	N	R	A	R	F
O	K	I	X	O	E	C	C	H	N	D	O	G	J	D	R	B	N	W	G	O	Y
B	U	J	E	A	U	K	Z	W	C	Q	I	U	T	Y	X	V	M	I	C	S	F
B	N	G	B	T	P	X	F	C	I	A	R	N	W	D	M	U	L	C	D	H	M
V	N	O	L	I	A	I	F	N	P	X	P	A	I	V	P	S	S	I	V	G	O
C	J	B	I	M	R	S	P	O	I	D	A	P	I	X	M	J	H	N	K	R	W
R	R	B	J	C	X	T	T	O	J	V	T	Y	R	O	X	Q	L	S	Z	C
H	J	G	W	V	A	E	N	W	D	K	H	J	O	D	B	Y	N	K	D	H	X
E	P	H	C	G	N	V	I	E	E	M	F	N	V	Y	A	N	F	W	P	E	I
P	J	Y	U	C	F	Z	R	N	P	D	N	P	R	U	W	C	F	D	A	A	W
V	X	O	I	E	K	Y	I	E	A	R	E	G	C	Z	B	F	K	E	I	B	R
Y	H	A	J	K	M	M	M	D	S	Y	Z	K	A	D	H	D	U	O	K	F	R
O	L	P	S	A	L	D	E	S	C	N	M	N	P	J	L	Q	I	G	O	H	M
U	K	F	Y	Z	E	P	A	E	A	J	O	X	A	Y	R	S	V	C	T	V	O
M	A	M	U	N	W	Y	Q	Y	L	T	Q	C	U	O	W	C	O	U	G	T	R
F	K	N	P	V	M	F	Z	E	W	I	H	N	T	F	R	H	Y	S	C	X	B
T	O	X	P	W	Z	X	V	L	W	S	H	C	Z	Y	D	R	A	E	K	Y	V

PrincipioDePascal   **Dinámica**   **Conservación**
Torque   **LeyesDeNewton**   **Cinemática**
EnergíaPotencial

Física de Plasmas

J	J	E	E	P	D	U	R	P	E	Q	N	A	W	J	I	D	Z	G	J	Y	I	V	Q	W
R	W	F	E	U	C	F	Y	I	J	E	D	O	X	L	F	C	P	E	J	P	W	E	D	N
S	B	D	U	Q	W	F	V	T	L	X	T	A	Z	S	Y	L	J	T	M	C	D	Y	K	V
N	Y	K	O	S	P	P	J	H	F	K	X	J	R	V	D	Y	R	O	Y	N	A	Z	V	Y
E	G	Y	B	T	I	U	J	Z	E	C	E	B	Y	A	P	S	G	A	K	W	W	N	I	V
T	Z	L	T	H	N	O	X	X	S	D	I	W	G	A	K	V	V	C	U	O	W	X	M	V
D	M	Q	Q	Z	E	E	N	H	N	Q	Q	C	R	X	C	J	K	I	P	Q	X	I	B	V
T	Q	N	Y	E	J	G	I	N	W	L	B	T	G	L	Q	K	C	M	Z	U	G	W	P	O
T	S	R	Y	A	B	F	R	M	U	U	I	B	Z	W	Y	C	I	A	I	E	L	L	Z	A
R	Z	O	Y	Z	E	L	K	R	A	C	T	O	V	M	T	V	Z	N	V	N	D	T	N	J
S	A	T	H	Q	O	P	N	F	U	N	L	S	S	Y	X	D	L	I	D	C	J	A	V	T
L	Y	C	T	S	X	T	I	L	Y	J	I	E	U	P	X	Y	Y	D	T	H	Q	N	Z	T
H	C	T	O	K	A	M	A	K	Z	M	W	F	A	C	A	V	C	O	X	I	E	I	O	P
D	M	O	Z	S	W	C	N	T	E	G	H	M	N	R	A	W	Q	R	B	N	I	A	V	N
E	Y	M	H	M	A	Y	Q	D	X	C	S	I	F	O	Y	K	H	D	R	G	L	Z	M	M
I	L	O	Z	R	P	F	F	B	B	A	B	W	Z	H	C	J	C	I	F	W	Y	F	C	Q
V	M	E	G	U	X	H	M	M	L	E	Q	X	N	U	I	O	I	H	T	M	U	M	B	E
X	Z	A	S	X	F	M	W	P	J	Y	I	E	F	L	J	O	Z	O	W	P	E	E	M	K
P	D	W	I	A	Z	P	G	A	X	O	E	V	L	Z	K	D	K	T	P	S	J	D	Q	U
A	I	F	O	T	Q	F	U	L	F	K	E	L	Y	P	Z	Z	F	E	J	M	U	J	W	P
F	H	I	D	M	C	Z	T	V	K	B	O	R	X	H	J	B	T	N	W	T	B	V	C	V
U	T	Z	E	A	L	W	C	E	C	Z	E	E	Q	Z	Z	G	K	G	O	F	H	D	V	L
G	R	C	N	L	O	D	P	K	Y	Z	L	J	R	S	U	V	D	A	Z	M	Q	K	F	Z
R	F	R	U	H	B	M	W	P	T	T	R	R	X	Y	M	J	C	M	W	B	Y	W	I	D
V	X	U	I	Z	W	S	I	T	T	Q	G	S	B	N	E	R	N	B	B	K	E	K	I	R

Magnetohidrodinámica   Plasma   FusiónNuclear

Tokamak   Quenching   Confinamiento

PartículaCargada

Radiact.Desintegración

E	F	H	I	F	Y	S	O	T	Y	I	G	W	C	L	I	L	Q	S	R	B	M	G
G	B	X	P	S	I	P	E	Z	M	K	B	D	I	M	Z	R	F	B	T	P	E	P
V	F	Z	B	L	O	V	F	O	X	X	J	G	X	D	B	I	H	W	J	Y	G	R
U	P	W	D	A	J	T	J	L	M	V	M	F	Z	X	K	E	X	A	Q	D	G	C
U	L	S	C	D	V	U	O	J	B	G	V	Z	F	T	B	E	T	J	R	L	L	O
K	L	K	O	A	T	E	W	P	O	P	X	L	Y	G	B	Q	H	A	I	W	E	N
K	T	F	W	B	R	B	F	V	O	L	U	G	O	G	Q	H	D	G	S	T	K	S
X	X	R	V	J	I	I	N	I	B	R	G	A	H	Q	O	I	O	E	G	G	Y	T
Q	Y	A	J	K	D	M	T	I	N	C	A	X	Z	U	A	R	A	C	I	C	V	A
P	U	W	P	V	F	E	Z	W	K	W	W	D	V	C	D	M	G	P	Q	H	R	N
G	T	I	R	B	M	V	Q	L	A	I	X	X	I	D	M	G	A	H	L	V	I	T
S	A	W	S	Z	Q	C	I	P	H	Z	M	O	Q	A	W	A	G	G	R	F	R	E
S	R	T	V	O	Q	D	Q	E	D	C	N	C	G	Z	C	X	V	E	X	R	J	S
O	A	B	X	Y	W	G	L	O	H	I	Q	D	O	L	T	T	C	T	K	I	F	N
N	S	E	A	V	M	X	T	Z	O	B	E	J	C	P	H	R	I	S	Z	Z	Q	X
C	H	P	W	X	M	X	H	N	Z	M	Z	V	E	P	L	H	X	V	V	A	I	V
V	I	D	A	M	E	D	I	A	Z	J	X	J	O	J	B	Q	P	E	O	R	Y	Y
M	R	W	X	V	X	Z	F	F	R	N	R	W	A	O	B	T	U	L	A	Q	V	G
U	B	V	E	I	A	Y	Q	L	I	Q	F	B	H	I	V	I	C	Y	B	N	O	N
V	D	U	Y	N	I	N	W	A	S	P	T	C	P	B	D	S	F	H	O	X	E	E
R	Q	G	T	G	U	G	I	Q	G	C	F	Q	X	G	B	Y	H	N	Z	E	H	T
Y	Y	E	X	A	J	F	T	B	N	M	W	P	U	S	V	R	W	W	M	Y	W	W
O	Q	L	K	A	X	F	T	I	J	A	O	V	V	E	D	V	F	Y	G	A	N	N

Alfa   **Beta**   **Gamma**
Isótoporadiactivo   **VidaMedia**   **Constante**
RadiaciónIonizante

Campos Cuánticos

X	D	Z	H	F	R	Q	O	M	C	K	T	U	U	A	I	U	L	I	Z	N
G	K	C	G	D	Z	J	C	P	V	Y	O	B	T	P	T	D	O	H	L	O
H	J	J	O	S	Z	D	U	R	R	C	S	E	D	L	Q	J	E	W	E	I
L	U	M	S	L	Y	E	A	G	Z	R	O	W	G	Z	R	O	U	N	Q	C
E	X	B	O	S	C	H	N	D	B	E	Q	J	W	O	V	A	A	L	T	A
G	E	B	T	J	N	X	T	C	Q	B	F	P	G	Z	G	F	J	J	S	Z
U	D	X	O	X	T	K	I	A	G	Y	X	Z	Z	P	E	W	I	P	R	I
A	W	K	U	S	M	S	C	M	Y	O	I	G	P	Q	Y	Z	R	K	Y	T
G	J	Z	J	T	O	F	A	P	S	N	F	I	B	Z	R	G	C	F	C	N
A	Y	L	R	V	Q	N	D	O	Z	B	L	E	E	U	N	N	H	V	G	A
I	A	Q	P	N	P	D	E	E	J	K	M	V	R	D	R	P	Z	R	D	U
R	B	N	L	N	W	Z	C	S	Q	S	F	F	K	M	J	N	U	P	F	C
T	N	Z	J	F	E	A	A	C	G	T	L	U	L	Y	I	N	J	A	D	J
E	D	P	C	L	E	B	M	A	Y	A	W	G	W	N	B	O	Y	T	T	E
M	H	V	W	H	O	K	P	L	B	H	U	Q	W	G	J	D	N	D	J	S
I	M	P	C	A	I	Q	O	A	O	Q	I	G	Y	Y	B	M	T	E	V	B
S	P	M	N	M	B	X	S	R	V	X	O	T	E	J	H	C	K	P	S	L
P	B	H	K	Z	R	F	I	I	T	A	V	Q	G	A	B	H	T	R	Z	Q
I	P	K	N	H	S	S	S	R	E	R	I	B	I	H	V	E	P	J	I	J
C	P	E	M	O	D	E	L	O	E	S	T	A	N	D	A	R	M	X	T	Y
I	G	Y	F	S	Q	I	A	V	F	J	O	V	R	K	C	H	R	X	K	P

Cuantización   BosonesGauge   Fermiones

CuánticaDeCampos   CampoEscalar   SimetríaGauge

ModeloEstándar

Física Experimental

L	Q	T	V	E	U	W	Y	W	O	G	E	V	E	N	I	R	A	L	P	T
Z	D	Z	A	R	W	K	F	D	Z	O	L	G	R	Q	W	C	T	A	A	S
U	R	R	L	D	A	D	I	L	I	B	I	C	U	D	O	R	P	E	R	R
F	K	N	I	O	I	T	D	X	Q	S	N	I	A	E	I	F	Y	D	Q	L
G	Z	C	D	P	N	A	S	J	X	A	Q	J	C	Z	S	S	G	F	X	W
H	B	K	A	E	X	P	E	R	I	M	E	N	T	O	E	Y	E	N	B	F
I	O	D	C	F	A	Z	L	C	I	V	V	L	D	O	A	J	O	N	G	R
V	D	P	I	J	M	E	B	Z	S	T	O	P	Z	Z	A	I	V	A	O	W
Y	H	J	O	S	U	S	A	G	H	M	P	U	X	I	C	C	C	C	X	F
Q	J	M	N	Y	O	N	I	G	F	D	W	H	M	A	K	P	B	Q	C	G
P	D	O	X	V	P	T	R	L	Y	X	X	W	T	O	O	I	V	U	R	V
P	K	N	U	C	M	J	A	M	B	N	A	N	R	P	X	D	J	K	H	Y
I	E	N	F	U	Q	Y	V	D	I	R	E	I	R	D	Z	V	Y	R	V	U
D	H	T	S	E	D	N	L	G	S	M	G	A	W	Q	K	R	C	U	T	Z
Y	K	I	S	I	D	V	O	K	U	I	L	Q	S	S	M	N	G	I	P	G
E	B	H	E	Y	K	C	R	R	E	U	S	F	H	A	Q	K	R	X	D	R
Z	S	Q	X	C	X	O	T	N	I	P	P	I	J	Z	B	O	M	Y	O	T
O	B	T	A	X	M	S	N	H	F	U	D	C	L	H	Q	U	J	S	J	W
E	K	H	K	K	N	N	O	R	N	K	X	U	A	A	N	S	A	J	A	T
G	V	R	S	I	G	X	C	W	X	G	U	V	A	N	N	S	W	Z	N	E
J	A	Z	A	I	X	L	S	E	K	Q	E	I	Z	Z	O	A	U	K	J	G

Experimento   Diseño   ControlVariables
Instrumentación   AnálisisDatos   Validación
Reproducibilidad

Fuerzas.Naturaleza

S	Z	K	K	Z	Y	Q	L	Q	S	D	M	Q	Z	N	K	G	S	O	S	I
E	T	R	E	U	F	R	A	E	L	C	U	N	P	A	S	O	M	J	H	W
E	N	Y	V	Q	L	N	J	F	J	S	G	J	V	E	J	S	C	X	E	S
D	U	N	D	H	W	O	H	H	S	E	F	B	N	G	B	K	R	Q	V	Z
E	H	S	A	X	V	S	J	L	I	L	V	O	E	E	X	K	W	Z	O	T
P	X	L	B	H	L	Z	J	U	U	E	I	L	I	C	R	G	G	L	H	B
S	A	X	U	P	Y	A	P	A	S	C	W	I	J	Q	W	H	L	A	K	F
Q	N	C	W	R	H	L	Y	D	C	T	T	B	I	X	H	I	A	N	N	X
N	E	G	U	A	G	E	D	A	I	R	O	E	T	Y	A	M	A	O	D	F
B	C	M	B	C	Z	P	R	L	F	O	Z	D	A	L	L	S	I	I	C	H
Q	K	E	Z	C	V	E	K	D	I	M	U	R	I	U	L	Z	A	C	D	N
T	F	L	Y	E	T	D	D	E	E	A	R	A	K	B	S	F	N	A	P	D
Q	K	D	L	N	P	H	A	O	Y	G	Q	E	G	A	O	Q	G	T	J	G
E	B	V	I	Q	H	A	M	Z	X	N	X	L	R	W	D	S	A	I	M	M
O	G	I	M	H	J	G	C	H	I	E	X	C	O	Q	Q	X	D	V	F	C
K	L	T	L	T	O	A	Z	P	S	T	P	U	A	A	S	A	I	A	S	G
Z	A	C	A	Z	E	Y	H	O	K	I	E	N	N	L	J	O	T	R	C	F
Z	D	R	R	B	M	O	L	U	O	C	E	D	Y	E	L	X	C	G	P	E
I	D	Y	B	B	T	E	H	V	R	A	J	M	N	S	B	W	G	Z	F	C
N	J	M	H	Q	U	A	C	R	J	T	S	X	Q	G	L	O	U	F	F	P
Y	V	Y	D	C	R	I	M	U	T	F	H	K	R	B	V	W	Y	I	O	J

NuclearFuerte   **NuclearDébil**   **Electromagnética**
Gravitacional   **Interacciones**   **LeyDeCoulomb**
TeoríaDeGauge

Efectos Cuánticos

P	O	T	N	E	I	M	A	Z	A	L	E	R	T	N	E	R	M	I	B	P
Y	A	O	D	E	N	J	D	B	E	B	O	F	X	L	X	L	O	U	C	M
N	P	I	F	G	Y	S	L	U	E	B	E	S	N	H	E	R	X	Z	O	K
G	V	Z	C	E	F	E	C	T	O	C	A	S	I	M	I	R	L	I	U	I
H	N	D	Z	N	W	R	N	T	D	R	G	D	W	T	V	K	C	W	T	W
C	V	B	X	T	E	P	O	S	J	A	C	A	W	A	O	O	A	P	N	K
C	H	R	A	R	C	R	L	J	G	U	E	U	B	G	E	C	H	Z	L	Z
B	E	T	U	O	H	K	E	D	L	K	Y	A	B	B	H	B	A	V	X	G
E	A	S	O	P	T	I	C	H	C	R	L	P	Q	I	R	U	R	A	F	A
I	O	A	T	I	J	Q	P	X	O	Z	F	L	T	Z	Y	R	O	O	G	V
M	A	V	C	A	U	D	D	F	O	C	L	X	W	A	F	O	N	E	N	F
H	B	I	Z	C	D	S	X	X	J	P	E	Y	O	F	Y	B	O	D	U	I
C	U	H	Q	U	W	O	G	R	X	W	N	D	B	S	D	O	V	L	X	F
Y	C	V	T	A	Z	S	C	U	H	G	U	J	C	L	U	F	B	C	Q	G
I	L	H	U	N	Y	O	J	U	J	O	T	T	D	I	L	R	O	N	I	C
U	G	Z	E	T	S	C	M	C	A	V	Q	K	Q	W	D	Q	H	W	P	Z
D	A	T	E	I	O	P	D	R	G	N	T	L	U	I	I	N	M	I	M	D
J	P	Q	I	C	A	X	N	H	L	T	T	D	Q	L	A	C	I	O	O	Q
O	H	M	J	A	M	Y	A	W	B	J	M	I	U	Y	N	M	D	C	Q	I
K	Z	J	I	Q	D	K	U	M	N	H	U	C	C	U	Y	N	W	B	Q	C
J	B	U	H	F	Q	Z	P	O	E	Q	K	L	R	O	L	V	J	R	Z	I

Túnel	**AharonovBohm**	**Entrelazamiento**
Decoherencia	**EfectoCasimir**	**EntropíaCuántica**
EstadoCuántico		

Dinámica de Fluidos

N	Y	I	F	B	Y	P	N	D	X	M	I	Q	U	J	G	F	O	J	M	S	Y	M
J	N	K	R	T	W	B	A	D	L	W	M	W	W	Z	Y	E	Z	F	D	Q	B	E
K	A	P	V	O	F	C	A	P	A	L	I	M	I	T	E	Y	Z	Q	X	C	H	Y
V	C	N	P	O	L	W	T	B	Z	Q	I	B	K	W	X	A	E	M	J	I	R	D
D	B	K	X	S	U	A	Q	C	V	Q	B	K	N	R	N	L	W	C	K	U	U	R
F	F	B	A	P	J	I	C	R	I	I	X	F	H	K	M	F	G	J	C	N	I	A
B	T	X	V	S	O	F	E	A	J	C	S	V	E	J	C	A	A	Q	B	N	D	G
S	L	Z	P	A	T	X	V	Z	I	D	T	A	E	E	V	E	P	M	J	A	R	I
H	Y	H	V	K	U	V	I	T	H	C	B	T	O	C	K	H	O	M	D	J	A	X
L	P	I	V	C	R	V	R	J	M	C	N	C	J	U	E	U	C	I	G	Y	A	Z
Q	O	D	Q	A	B	V	I	A	F	Y	L	E	C	P	K	M	S	Y	W	I	T	K
I	S	R	S	P	U	F	Y	M	N	F	F	C	R	F	A	O	L	I	Z	T	N	A
M	S	O	A	P	L	S	E	G	S	I	B	V	K	E	C	P	K	J	A	G	F	R
H	G	D	W	M	E	H	E	S	L	C	M	T	I	S	F	R	M	F	J	S	V	N
I	A	I	N	S	N	A	I	D	X	Y	M	A	I	D	H	S	Z	G	L	R	T	E
H	L	N	T	U	T	Q	W	M	X	V	D	V	L	M	F	G	N	O	P	S	Q	A
T	M	A	B	O	O	E	S	F	C	Z	K	D	D	O	K	Y	X	A	B	S	E	L
V	P	M	T	M	L	Y	Q	G	T	J	S	I	J	P	J	X	L	X	R	L	Z
S	G	I	B	F	A	Y	U	Q	P	Y	U	G	S	X	Y	U	H	H	I	T	M	T
P	F	C	O	H	P	R	Y	M	N	P	Z	A	Q	O	Y	W	L	T	B	H	X	C
M	N	A	V	I	E	R	S	T	O	K	E	S	F	J	F	T	K	F	G	E	A	J
P	D	F	A	R	P	A	L	V	R	D	U	I	R	F	O	P	A	F	F	W	U	A
V	Z	F	N	M	Q	U	K	Z	I	B	E	R	W	L	E	G	S	T	W	O	F	N

FlujoLaminar   FlujoTurbulento   NavierStokes
Viscosidad   Hidrodinámica   TransferenciaCalor
CapaLímite

Física Estadística

O	Z	C	H	A	J	O	S	L	F	N	U	W	C	L	N	X	Y	U	A	T
Q	Z	Y	U	Z	G	S	U	Q	U	S	N	E	K	N	C	J	Z	Q	Q	F
E	I	C	R	I	U	R	D	H	G	N	X	J	U	T	R	A	Z	K	W	U
O	G	V	F	Y	I	T	E	G	A	O	V	C	Z	G	I	W	B	Y	H	D
V	S	Y	O	J	S	Y	E	M	C	C	R	E	C	P	A	L	U	K	B	X
T	F	L	V	E	K	W	Z	R	I	I	Y	H	O	S	L	K	E	E	I	U
B	B	I	M	R	G	T	C	U	M	N	K	R	R	H	Y	X	Q	F	P	I
J	S	U	Q	F	L	R	F	B	P	O	T	G	X	N	J	I	U	X	O	O
R	S	Z	C	O	A	L	G	V	Z	N	D	M	S	O	K	T	I	A	P	B
M	V	W	B	M	N	K	Q	Y	E	A	I	I	E	J	T	H	P	X	R	W
H	N	D	A	M	Q	R	M	V	R	C	P	I	N	C	V	F	A	A	O	O
H	W	C	J	P	P	Q	T	W	L	E	L	K	A	A	A	E	R	Y	Y	E
G	K	M	J	A	Y	K	Q	U	S	L	M	P	M	H	M	N	T	K	L	G
X	Q	O	B	E	U	K	K	O	K	B	W	O	V	Q	U	I	I	L	C	N
R	R	X	O	W	J	R	R	L	Q	M	U	Y	P	I	E	C	C	C	S	G
O	J	X	K	C	G	R	V	W	H	E	D	L	B	X	S	Z	I	A	A	U
K	X	F	C	Z	G	D	M	U	L	S	F	S	F	S	S	I	O	N	G	K
N	N	I	V	G	T	Y	M	V	I	N	C	I	B	B	V	K	N	S	B	Q
X	A	M	I	Q	C	C	X	Z	D	E	A	P	P	U	U	S	C	G	T	P
Y	D	U	E	L	B	Y	P	V	T	S	M	Z	W	O	H	I	M	C	P	V
H	S	J	F	J	Y	W	S	Z	D	L	H	F	P	F	B	B	A	E	L	X

Mecánica   Termodinámica   Entropía
Boltzmann   Ising   EnsembleCanónico
Equipartición

Óptica Moderna

W	T	W	G	Z	A	J	F	L	V	E	E	C	K	Y	Q	D	Q	C	D
H	S	P	B	N	L	M	M	G	B	A	T	E	G	G	V	H	F	K	A
Q	H	S	H	B	J	N	H	V	Q	H	R	P	H	G	H	X	O	Q	B
A	I	V	Y	Y	L	O	N	P	K	B	B	J	X	M	N	Y	T	D	X
Q	O	E	D	R	C	P	K	C	F	M	S	K	G	J	P	W	T	Z	B
R	M	Q	W	B	S	T	O	I	W	P	N	U	H	D	D	C	B	A	I
O	I	L	O	W	B	O	L	T	H	P	M	D	N	K	P	P	P	S	O
O	S	M	C	L	Z	E	R	P	M	C	J	O	Z	F	I	E	A	C	M
Q	V	A	W	M	N	L	Y	T	E	G	C	Q	G	S	S	M	A	I	R
V	N	F	I	T	L	E	I	O	E	G	W	Y	B	P	P	C	Z	U	D
Q	G	W	E	F	T	C	F	D	D	M	H	N	T	Q	F	M	Q	T	E
I	V	S	L	S	A	T	F	O	P	P	O	S	D	V	S	G	O	K	X
T	W	I	K	G	D	R	Z	I	Y	P	O	R	T	C	E	P	S	E	E
Q	D	Z	J	X	R	O	G	D	T	N	J	O	E	M	F	E	D	Z	C
V	H	K	R	N	X	N	L	O	O	K	V	A	W	F	Z	P	F	W	R
M	F	Y	A	W	U	I	D	T	L	E	Q	J	M	T	R	C	S	M	I
D	I	F	R	A	C	C	I	O	N	O	P	Y	E	E	V	E	T	D	W
Q	M	G	O	X	H	A	O	F	L	E	H	F	J	I	N	I	T	O	Q
X	K	J	X	T	G	K	A	O	S	Q	H	J	R	G	V	L	O	N	S
S	H	N	D	F	N	N	J	X	V	X	N	A	T	J	F	K	Z	X	I

Difracción
Holografía
Interferómetro

Espectro
Optoelectrónica

Lentes
Fotodiodo

Cinemática Avanzada

T	B	F	J	V	P	U	C	R	I	W	E	D	Y	E	A	W	U	O	G	S	K	O
I	P	H	M	E	P	S	U	J	A	G	V	O	S	D	M	I	P	F	H	L	C	G
Q	P	M	W	L	X	L	Z	E	T	L	W	S	F	S	R	T	J	M	S	C	A	G
K	T	P	D	O	X	Q	H	O	B	T	U	N	Y	J	Q	B	C	C	J	P	D	I
D	A	K	Y	C	D	W	S	P	O	P	M	X	A	G	Y	G	G	J	F	M	I	P	C	J
I	F	R	B	I	K	G	P	O	D	S	U	F	N	R	K	K	J	O	X	J	W	F
G	B	I	V	D	E	K	K	N	I	V	J	E	W	A	R	C	Q	V	D	C	I	S
G	D	I	I	A	V	R	E	U	Y	J	Z	L	I	W	O	U	B	I	W	F	Y	D
Y	X	C	R	D	V	S	T	L	M	E	H	Q	M	G	P	T	I	M	Y	G	Z	S
U	H	Q	Z	A	J	K	N	Q	O	V	Z	C	H	N	S	R	N	I	Q	E	V	F
J	R	X	W	N	T	L	X	O	C	A	Z	T	Y	T	I	D	C	E	M	R	M	E
D	M	H	A	G	K	L	Y	O	I	M	Z	S	H	T	N	U	H	N	M	U	C	H
N	K	J	E	U	G	G	I	Y	A	C	F	B	D	B	Y	F	G	T	P	O	T	P
T	F	N	S	L	T	M	A	C	Z	E	A	C	A	N	E	T	V	O	F	F	M	O
V	B	J	L	A	N	O	I	C	A	T	O	R	A	C	I	M	A	N	I	D	G	S
R	K	Y	T	R	F	D	R	G	S	T	I	R	E	L	P	E	K	S	E	Y	E	L
M	R	T	G	S	E	B	E	Q	V	P	T	J	W	L	W	C	R	S	G	Y	I	I
F	Z	H	N	R	Z	E	S	G	U	W	C	Z	E	C	E	D	Q	N	J	X	N	P
D	D	L	B	K	G	Q	G	N	F	E	R	L	S	O	S	C	Q	Y	G	T	L	W
A	E	U	Z	L	Z	R	W	F	Z	V	T	G	E	A	L	T	A	X	S	E	C	M
H	N	P	B	G	M	O	P	A	L	R	S	B	M	O	C	O	L	S	M	U	M	A
E	W	W	G	P	D	C	S	B	A	F	M	Y	R	F	T	E	N	X	Y	I	P	K
P	I	B	N	E	X	F	V	M	Z	J	M	T	H	L	B	X	L	U	M	X	E	U

Movimiento   Aceleración   VelocidadAngular
DinámicaRotacional   MomentoAngular   Torque
LeyesKepler

Plasmas y Fusión

L	Y	H	R	B	O	W	Q	F	U	F	K	H	P	Y	I	F	C	P	S	Z	S	P	D	T
L	C	E	A	D	P	C	J	E	Y	U	U	Q	B	L	K	O	O	V	S	N	E	Z	I	S
M	U	I	M	C	P	U	E	Z	I	S	A	O	V	L	J	J	D	O	X	F	U	J	C	F
S	Z	L	S	C	I	V	W	G	L	I	Z	S	H	U	U	G	E	K	D	N	Y	S	C	V
E	M	N	A	M	G	M	R	E	S	O	N	A	N	C	I	A	A	L	F	V	E	N	M	Q
A	M	L	L	S	B	C	A	J	S	N	A	S	J	F	K	M	G	Z	W	C	V	T	Z	H
J	S	Z	P	U	H	W	Q	N	P	R	E	W	F	T	A	L	N	S	J	P	C	U	X	P
I	K	B	N	B	R	T	T	J	I	F	C	X	A	K	P	X	E	T	D	P	F	M	M	N
O	Y	D	O	S	P	Z	T	Z	M	D	J	Z	O	H	K	R	A	H	P	F	R	S	W	W
A	V	W	I	S	B	W	Q	S	Y	J	O	T	K	Q	K	S	D	A	M	Z	D	I	Y	A
I	N	R	C	W	O	W	V	J	K	O	I	R	Q	O	J	S	V	O	U	V	P	Q	Q	Y
O	L	V	C	W	U	C	K	V	L	N	F	N	D	F	R	A	F	O	V	U	F	E	T	F
Q	T	I	A	F	C	S	L	G	Q	G	Y	Q	K	I	P	L	W	Q	I	Y	W	B	X	G
A	X	N	F	K	M	E	X	V	F	M	K	L	T	R	H	I	G	M	M	F	R	Q	F	Z
Y	M	I	E	L	O	L	M	Q	L	Q	U	M	V	K	M	O	L	G	F	J	G	X	K	P
M	G	S	L	I	O	B	F	Y	S	K	T	Z	D	S	L	D	T	W	O	S	M	K	V	I
R	T	G	A	U	M	T	X	U	T	X	T	J	B	F	T	W	D	E	J	Q	T	M	X	V
R	V	Y	C	L	Y	A	K	M	D	S	K	T	L	F	O	V	U	J	N	I	M	F	E	C
W	W	G	C	O	P	M	N	I	F	Z	D	X	E	N	Q	L	O	L	H	G	T	J	A	K
I	M	T	C	X	J	I	F	I	W	Y	S	Z	H	T	A	I	Y	E	K	K	A	X	M	P
H	X	F	L	J	C	T	K	F	F	R	L	J	G	V	S	I	L	G	T	K	M	M	R	X
C	N	D	W	O	M	T	A	H	A	N	L	F	Q	T	L	G	Z	V	K	C	H	C	J	N
M	E	M	U	U	A	P	C	V	P	C	O	T	C	M	D	L	T	C	H	X	S	S	M	V
L	E	M	U	T	I	I	R	O	P	J	A	C	P	B	M	Q	Q	K	S	K	D	F	K	Y
N	G	B	F	C	V	C	R	R	S	A	A	J	P	B	Q	K	G	H	G	F	J	H	R	U

MagnetohidrodinámicaTokamak   Plasma

Fusión   Confinamiento   ResonanciaAlfven

CalefacciónPlasma

Radiact.Isótopos

U	M	R	B	N	T	K	Z	J	Y	Y	L	X	E	V	O	D	L	Q
K	F	L	X	J	N	J	E	D	U	X	W	D	B	T	H	A	I	P
K	N	P	O	S	B	E	J	Z	U	S	W	A	N	N	E	J	M	C
S	P	B	J	Z	B	J	A	I	D	G	Y	D	O	S	V	O	C	L
D	E	M	I	S	I	O	N	B	E	T	A	I	F	C	I	W	W	J
Z	T	Y	H	F	F	J	G	W	T	A	C	V	D	T	I	Q	G	Z
E	M	I	S	I	O	N	A	L	F	A	O	I	V	Z	S	F	K	E
V	W	P	J	J	X	Q	G	A	R	X	N	T	O	A	O	D	M	Z
P	X	Y	R	T	R	V	R	G	O	N	S	C	S	I	T	A	V	Z
W	O	M	E	Z	X	L	E	D	W	D	T	A	G	D	O	R	F	K
T	W	Z	Y	R	E	T	R	W	K	U	A	I	N	E	P	N	H	B
U	Y	P	D	S	N	V	J	Z	A	I	N	D	K	M	O	P	M	D
H	I	C	S	I	C	I	K	B	Q	P	T	A	N	A	S	M	F	U
U	R	C	S	M	P	U	B	Y	A	D	E	R	C	D	P	M	E	J
R	L	E	C	C	J	K	D	M	L	C	M	N	E	I	O	D	K	C
D	D	T	V	S	N	R	O	M	N	J	B	U	M	V	X	I	N	G
S	H	S	W	B	F	K	M	U	N	Z	F	N	H	H	A	W	U	M
T	U	P	Q	K	Y	H	D	O	B	R	H	K	Z	D	V	D	N	B
A	C	V	B	O	T	T	P	B	U	L	Z	G	C	Q	Y	P	A	D

Radiactividad   Desintegración   Isótopos

Vida media   Constante   EmisiónAlfa

EmisiónBeta

CamposCuánticos

R	V	T	H	G	M	H	H	X	L	K	D	C	W	T	F	M	E	K
M	U	G	E	N	J	R	M	I	J	C	P	X	L	T	G	M	Q	Z
M	Y	V	N	O	I	C	A	Z	I	T	N	A	U	C	G	K	F	A
J	U	A	D	T	R	N	C	A	T	Z	B	Q	W	I	W	Q	V	V
E	B	U	K	H	S	I	M	E	T	R	I	A	G	A	U	G	E	C
X	A	O	U	F	Q	Q	A	X	D	N	Y	R	X	Y	K	Y	Y	A
X	I	O	S	O	G	Y	M	C	W	F	L	A	N	W	Q	R	J	M
F	A	S	R	O	S	D	D	H	U	P	N	D	F	G	A	D	M	P
B	O	G	I	P	N	G	P	B	A	A	A	N	E	D	L	V	B	O
S	F	M	X	N	B	E	S	B	Y	J	N	A	R	E	S	B	K	E
Y	J	I	U	S	W	U	S	H	K	D	H	T	M	Y	U	E	M	S
C	O	U	V	J	C	P	Y	G	E	N	Z	S	I	X	J	K	T	C
I	V	G	J	T	O	P	D	D	A	E	E	O	C	S	O	A	A
W	P	T	Z	E	R	O	X	S	I	U	W	O	N	W	A	Y	J	L
L	I	T	N	S	Y	S	F	W	G	Q	G	L	E	M	B	L	A	A
C	U	K	I	Z	E	V	R	T	E	W	T	E	S	T	F	K	R	R
G	F	X	Q	B	D	P	W	Z	C	Q	I	D	U	O	V	H	F	C
R	L	V	C	J	M	I	V	X	L	W	D	O	L	P	X	K	Q	X
C	K	A	O	B	B	S	K	S	M	W	Q	M	A	T	G	N	C	L

Cuantización   Fermiones   BosonesGauge

SimetríaGauge   TeoríaCuántica   CampoEscalar

ModeloEstándar

CinemáticaAvanzada

A	I	L	R	X	O	O	Z	T	T	O	I	V	N	V	S	K	H	H	J	S	O
P	S	F	Z	I	M	I	Z	X	D	U	L	R	P	V	A	A	R	G	X	O	P
E	M	F	O	J	N	Z	Y	A	Y	J	A	W	Q	Y	W	L	R	U	Y	O	Y
I	T	I	F	C	S	E	D	M	W	L	V	E	O	Q	B	P	A	V	M	Y	N
V	N	T	E	J	E	I	R	X	S	V	E	A	K	D	J	K	L	M	F	R	W
C	Z	V	P	R	C	E	J	C	F	Z	V	N	J	G	N	Q	U	D	Q	K	P
V	P	I	E	O	D	N	X	J	I	N	A	I	P	D	P	R	G	N	H	Z	D
V	M	J	L	R	O	X	G	T	L	A	F	N	Y	H	F	B	N	N	C	C	N
A	L	E	Y	E	S	K	E	P	L	E	R	I	V	H	U	W	A	K	R	B	Q
V	V	Z	E	H	T	A	R	N	M	G	Z	O	X	X	T	H	O	W	T	D	Z
B	B	A	W	V	E	G	P	K	B	F	E	Z	T	H	W	D	T	C	M	T	B
C	R	Z	T	U	A	F	E	I	D	M	G	M	V	A	S	P	N	Q	N	O	R
Q	H	L	W	U	S	E	Y	D	V	Q	R	H	F	O	C	Q	E	I	U	D	D
Q	U	P	S	K	U	A	E	W	G	F	E	S	C	Z	U	I	M	E	W	L	K
I	I	M	M	Q	F	K	D	V	K	A	F	U	J	W	I	R	O	T	F	H	V
C	H	N	V	O	P	F	A	U	R	T	W	P	V	K	F	P	M	N	O	Y	C
F	S	S	H	P	O	F	O	Z	I	U	P	W	A	J	V	T	I	Q	A	O	Z
K	I	P	E	N	D	U	L	O	G	B	D	Z	Y	B	H	S	N	D	D	L	P
Q	Z	G	S	C	E	E	L	O	W	K	Z	A	D	S	V	E	H	K	U	V	W
A	D	Q	Z	O	E	R	P	V	Q	C	N	O	R	Y	C	Z	B	L	T	I	D
E	D	J	N	G	Z	Z	L	D	G	Y	S	N	O	A	E	I	M	E	G	H	D
D	T	H	I	H	U	A	M	W	S	V	V	H	K	B	X	P	E	S	Y	K	E

Péndulo   **Fuerza**   **Velocidad**
LeyesKepler **InerciaRotacional** **MomentoAngular**
Inversa

Plasmas y Fusión

G	U	O	N	R	N	B	U	G	E	A	R	D	U	E	T	F	U	N	F
Y	J	F	D	E	Y	X	T	I	R	A	S	A	Y	R	C	Z	Z	J	R
K	C	V	S	M	H	Q	W	Y	G	I	Q	D	P	T	N	C	R	P	E
O	K	R	O	P	F	U	S	I	O	N	P	O	R	L	A	S	E	R	N
D	N	G	M	O	A	I	R	F	N	O	I	S	U	F	L	Y	B	O	M
N	Q	Q	V	L	I	C	U	P	J	C	I	Y	T	U	D	Y	X	J	E
P	X	N	H	U	H	R	E	I	A	P	O	U	M	S	B	M	W	F	T
E	O	O	F	H	S	Q	E	V	L	X	B	O	T	I	A	W	C	U	H
I	R	X	X	Q	Y	H	E	T	K	M	D	X	D	O	A	E	X	P	U
P	S	W	A	I	F	D	Z	C	U	I	E	G	L	N	X	V	F	M	B
I	O	U	C	O	A	P	Y	M	N	E	D	I	E	S	S	L	R	Z	B
A	J	C	B	R	P	O	T	W	Y	V	D	E	E	O	E	C	E	N	A
X	V	O	A	P	K	T	H	F	U	Z	F	Y	Z	S	K	Y	L	M	C
K	I	M	H	V	B	O	E	C	R	H	X	H	S	T	M	O	F	K	T
U	A	S	X	H	T	I	D	Y	O	Q	P	X	V	E	M	X	O	P	F
C	O	T	N	E	I	M	A	N	I	F	N	O	C	N	R	N	U	Q	D
Q	J	Z	W	J	Z	P	E	W	U	B	E	T	K	I	T	T	B	M	E
I	T	E	C	G	U	N	M	Z	H	X	S	J	P	D	Y	C	E	U	D
R	C	M	H	D	X	G	S	E	H	X	D	Z	W	A	K	F	H	H	W
Y	G	Y	G	G	T	G	Q	E	Z	X	M	A	R	P	X	F	H	I	Y

CámaraDeVacío   Confinamiento   FusiónFría
HeTresyDeuterio   MHD   FusiónSostenida
FusiónPorLáser

Radiact.e Isótopos

A	W	J	A	B	P	Z	K	W	S	K	Q	R	O	U	W	P	O	N	Y	S	W	U
O	V	S	J	F	S	I	H	L	O	O	E	O	P	C	Z	L	U	E	O	U	V	H
N	D	J	O	C	B	U	Y	R	B	F	D	M	O	X	L	S	W	Y	G	Y	M	I
R	K	P	B	S	E	Y	F	W	E	P	V	I	V	D	W	G	F	M	W	U	Q	U
J	J	R	X	O	T	F	K	P	H	O	C	T	N	T	A	I	V	L	K	P	G	P
Z	L	A	J	A	F	L	A	O	T	N	E	I	M	I	A	C	E	D	J	D	K	Y
S	O	M	G	W	U	G	C	L	S	B	G	D	D	P	T	O	O	U	Y	P	X	N
G	A	M	D	V	C	K	D	K	O	T	L	X	R	X	V	C	G	M	I	K	T	Q
H	C	A	Q	Q	Z	S	B	I	K	A	R	S	Q	B	V	C	A	S	E	E	E	G
E	Y	G	A	O	W	H	B	S	Z	O	Y	X	P	X	Y	Y	O	S	I	C	Z	G
D	E	S	I	N	T	E	G	R	A	C	I	O	N	B	E	T	A	V	X	L	W	J
G	G	O	J	D	F	Q	F	G	W	A	H	C	N	S	O	T	Y	D	T	K	R	F
M	C	Y	Q	J	U	E	S	M	C	F	R	X	S	P	I	U	A	A	T	F	L	Y
D	R	A	A	R	T	I	F	I	C	I	A	L	O	G	G	C	K	Z	U	O	G	X
A	B	R	A	Y	F	I	A	H	Z	V	O	S	A	V	C	V	S	S	Y	P	Z	J
Y	A	N	E	D	R	A	B	Q	Y	B	E	J	E	E	Q	B	E	K	L	A	P	R
W	I	Z	J	J	U	T	V	X	T	S	O	Z	K	H	W	Y	G	N	U	A	V	O
O	G	Q	Y	S	B	Q	M	Q	T	N	W	O	L	Y	B	U	S	H	U	G	F	X
S	C	O	S	H	P	W	D	A	D	J	G	V	O	O	G	A	R	D	G	Z	C	H
W	S	R	M	U	B	X	B	S	E	U	B	V	O	E	X	Y	U	A	K	Q	D	T
K	Q	E	T	R	E	L	Z	K	C	U	X	W	H	R	V	H	V	G	B	J	Q	G
C	M	E	E	Q	E	Z	M	F	M	Z	F	K	Y	R	S	G	C	E	Q	E	S	E
Y	U	C	X	S	K	J	L	R	U	Q	R	P	C	H	Z	O	T	F	H	O	D	D

DecaimientoAlfa   DesintegraciónBeta   RayosGamma
IsótoposEstables   Artificial   Actínidos
Uranio

Campos Cuánticos

L	V	M	K	R	L	N	D	Y	B	V	K	B	F	E	J	Y	Q	D	M	W	O	W	E
T	B	R	I	A	O	I	X	C	A	H	X	E	U	N	Q	B	J	V	M	K	C	W	O
A	X	N	W	N	W	I	X	X	C	N	J	U	G	I	I	J	G	H	E	S	R	P	T
X	I	U	S	T	Y	C	N	Q	I	T	N	F	O	S	G	N	J	F	H	A	S	I	C
I	H	K	G	K	R	K	O	W	T	Z	U	H	V	U	F	K	G	A	L	N	S	J	N
M	D	E	S	G	R	Z	O	J	S	P	F	S	R	L	H	E	H	B	C	U	F	A	K
I	M	Z	C	J	L	D	F	I	I	I	I	L	P	Q	G	A	W	Q	K	F	O	G	Y
E	T	A	R	L	U	A	Q	R	D	I	F	Q	V	D	M	K	Y	L	L	J	H	K	A
P	L	A	I	X	A	A	I	L	A	M	O	N	A	W	M	T	C	F	W	M	W	T	O
T	D	L	G	X	K	B	E	P	T	X	S	U	M	J	P	A	C	Q	I	Q	L	Q	Q
T	D	Y	I	B	V	U	A	X	S	A	T	G	Z	C	H	L	Z	P	B	H	G	F	M
S	K	R	A	U	Q	O	T	N	E	I	M	A	N	I	F	N	O	C	Q	G	L	Z	M
X	K	E	T	T	C	U	K	N	T	D	V	V	J	H	E	U	X	S	L	J	Z
Y	F	U	D	V	K	D	L	I	I	E	R	B	S	B	O	S	O	N	E	S	K	X	X
K	D	T	O	X	X	N	A	J	P	U	X	N	Z	T	D	N	N	T	E	B	F	B
H	Y	G	Q	I	E	C	D	R	S	H	N	G	H	A	J	U	O	S	P	V	I	W	H
V	F	X	Q	J	I	A	Z	X	Z	R	X	D	D	Y	D	I	P	W	W	D	O	V	S
R	U	G	A	I	K	E	G	O	U	E	Z	O	V	Q	M	A	A	Q	G	W	N	C	S
D	C	U	B	K	X	Z	U	W	V	H	D	B	R	R	M	P	V	G	G	H	N	D	U
Z	G	Z	X	I	C	R	A	D	N	A	T	S	E	O	L	E	D	O	M	U	D	C	M
Y	A	L	P	H	S	T	V	X	D	W	L	F	T	F	U	M	M	W	H	L	A	G	S
G	Y	Z	I	N	C	L	L	Y	J	E	D	A	C	W	H	S	U	M	U	L	P	C	U
U	K	A	F	T	O	K	T	Q	B	H	B	S	P	M	X	Y	A	J	N	H	B	F	G
F	O	N	S	F	V	Y	V	Y	I	D	Y	J	F	T	Z	J	S	Y	T	W	A	Z	V

Estado   **Fermiones**   **Bosones**

ModeloEstándar **SpinEstadística**   **ConfinamientoQuarks**

AnomalíaAxial

FísicaExperimental

L	J	V	M	E	R	S	Z	T	F	O	G	N	D	M	S	U	T	F	M	P
S	S	X	N	C	M	X	M	L	W	K	G	A	T	X	O	D	E	U	V	Z
U	Z	E	F	H	U	Q	B	C	H	H	B	H	P	D	K	K	C	D	J	Z
V	W	R	L	H	C	W	D	X	O	I	Z	N	B	F	A	X	N	U	U	P
R	P	L	J	B	S	F	V	Z	E	G	I	Q	A	X	K	V	I	U	C	W
J	K	G	N	W	A	W	L	R	L	M	I	Z	A	T	G	D	C	R	O	A
E	A	N	I	Q	C	I	E	S	I	S	Z	P	Z	S	Y	U	A	T	K	C
A	G	Y	O	O	S	R	R	O	R	R	E	N	P	P	C	I	S	R	U	I
F	P	L	F	Z	M	J	F	A	T	S	Z	U	I	P	L	W	M	W	Q	T
A	X	T	R	I	F	Q	U	V	V	U	B	S	W	W	L	S	E	O	U	S
X	R	V	F	E	I	L	T	W	D	L	D	T	E	K	V	Q	D	I	J	I
Q	Z	E	V	Y	V	G	U	N	I	Q	O	N	O	U	A	M	I	T	P	D
B	B	C	E	P	S	A	D	C	S	E	H	R	Z	U	K	R	C	E	D	A
V	N	L	M	G	W	G	A	F	E	A	S	N	T	F	Y	B	I	V	C	T
U	W	P	G	F	J	C	E	E	N	B	J	J	Y	N	Y	D	O	I	T	S
W	N	O	V	E	I	Y	D	C	O	K	I	F	S	W	O	T	N	P	J	E
C	E	L	Z	O	B	Z	T	K	C	Y	Z	V	U	G	L	C	R	V	R	V
K	Z	T	N	M	P	P	H	G	V	C	B	V	R	F	O	P	Y	P	F	R
B	S	I	V	J	U	N	P	I	O	Q	M	K	I	H	H	B	R	X	W	H
C	Z	F	X	C	Q	J	J	C	R	P	J	G	J	G	W	D	E	T	E	L
P	V	M	E	T	O	D	O	C	I	E	N	T	I	F	I	C	O	C	I	B

Diseño   ControlVariables   TécnicasMedición

Error   Estadística   Publicación

MétodoCientífico

Interacciones

W	A	D	A	C	I	F	I	N	U	A	I	R	O	E	T	O	T	C	Z	R	U	D
V	Z	W	C	T	R	H	O	R	E	M	U	N	F	I	P	J	U	W	T	K	H	O
F	I	X	G	T	M	W	G	P	U	Q	Z	S	B	O	U	S	U	P	T	L	C	D
M	A	D	E	V	M	T	H	A	T	D	F	G	C	T	U	Y	D	P	E	S	X	O
D	Z	E	R	H	W	E	R	R	B	L	P	J	T	N	U	V	V	R	C	V	F	E
T	C	O	D	K	C	Y	T	T	U	I	O	I	I	K	E	G	L	X	S	W	K	K
Y	W	Y	L	J	M	Q	H	I	E	B	D	X	C	Y	L	J	W	E	Z	U	O	K
M	O	Q	R	Y	E	F	L	C	E	E	R	L	R	S	S	X	N	V	N	E	S	B
E	X	O	Z	O	W	D	O	U	Q	D	V	U	X	H	L	R	S	O	O	Q	S	F
J	G	O	M	S	D	N	E	L	Y	O	D	Q	B	N	G	H	S	A	I	V	M	B
T	A	A	I	W	K	U	E	A	A	R	D	Q	B	V	N	O	I	S	C	J	B	I
S	R	J	A	L	F	C	W	M	G	T	L	J	P	V	B	B	M	K	A	N	R	Z
A	R	X	J	H	W	L	R	E	L	C	O	G	M	O	N	K	F	W	T	H	P	S
G	T	K	J	Z	V	E	Z	D	R	E	M	T	I	E	J	D	D	H	I	N	J	P
M	Z	N	P	R	R	A	B	I	R	L	Y	B	G	J	B	C	D	M	V	K	Y	Z
L	Z	T	S	M	L	R	R	A	M	E	M	D	C	C	H	R	H	Q	A	E	B	L
Z	N	H	K	J	J	F	R	D	K	A	I	Q	D	L	I	E	V	Z	R	Y	L	A
I	C	G	J	C	Y	U	U	O	C	K	Y	A	Q	N	U	P	V	L	G	M	N	W
B	D	R	L	I	B	E	D	R	A	E	L	C	U	N	O	G	L	A	E	G	D	C
E	S	U	M	W	X	R	E	A	A	S	L	C	F	J	M	G	C	Z	F	D	Q	K
Y	V	N	P	Z	V	T	N	F	T	F	K	V	W	P	M	K	C	T	A	U	G	Q
M	J	P	Z	U	N	E	S	Q	H	J	S	W	L	M	M	O	Y	T	O	K	C	H
D	J	B	A	I	F	Z	C	R	T	T	S	Z	Z	N	R	W	I	Y	O	G	U	R

NuclearFuerte   NuclearDébil   IntercambioBoson

Electrodébil   Gravitación   Partículamediadora

TeoríaUnificada

Efectos Cuánticos

Y	B	Z	N	I	K	O	F	R	T	X	I	O	S	K	U	O	Q	N	E
T	C	I	N	X	T	T	D	I	O	J	Q	D	Q	Q	S	Y	E	R	U
R	X	V	J	C	V	W	L	M	C	B	B	S	M	S	N	C	P	L	K
Q	E	P	H	P	H	R	F	I	P	V	V	B	D	H	R	B	K	L	R
R	Z	X	J	Q	E	L	Q	S	N	C	E	J	Y	V	V	S	M	E	I
R	T	D	S	B	W	L	L	A	X	U	X	L	R	U	T	B	Z	B	Y
S	A	D	B	U	C	N	O	C	L	O	N	A	C	I	O	N	F	D	X
X	L	W	P	K	Z	V	F	O	T	W	U	K	D	C	L	U	Z	A	I
L	T	E	L	E	P	O	R	T	A	C	I	O	N	B	A	R	L	D	N
V	W	C	N	B	Z	C	B	J	M	V	Z	A	I	G	S	A	L	G
V	Z	L	W	U	Q	H	X	E	S	D	W	U	P	K	E	H	P	A	I
T	K	M	J	G	T	Y	Z	F	E	T	Z	O	E	Q	K	R	D	U	E
N	V	A	K	I	H	B	W	E	Z	F	R	R	Z	T	Q	T	E	G	Q
T	A	A	Q	A	I	R	G	H	P	T	T	O	O	R	Y	S	G	I	Y
B	J	I	H	I	Z	Y	A	U	N	G	J	Q	A	Y	A	V	G	S	Y
S	T	Q	P	T	W	H	I	E	R	B	C	J	R	K	U	L	B	E	Q
D	I	C	X	N	K	Y	O	B	P	T	G	O	X	W	Z	M	Z	D	G
S	T	Q	B	K	A	G	H	H	P	L	N	E	U	I	F	R	F	Q	S
N	G	A	J	H	F	N	Z	T	F	P	H	F	N	F	K	G	U	M	V
P	J	F	U	A	I	C	N	E	R	E	H	O	C	E	D	V	X	Z	V

NoClonación   Túnel   Teleportación
Decoherencia   DesigualdadBell   EfectoCasimir
Entropía

Dinámica de Fluidos

L	S	V	A	I	S	O	U	S	B	C	E	N	H	G	G	E	F	A	K	H
W	J	G	G	A	C	F	F	W	V	H	F	S	X	U	C	F	I	G	M	N
F	L	V	B	I	F	C	Q	Z	S	P	P	W	S	T	N	T	P	P	K	M
V	E	C	O	T	N	U	M	K	A	T	R	I	L	S	L	E	I	U	D	Q
R	R	G	O	K	N	B	N	G	J	C	S	V	O	V	O	O	M	L	E	J
D	W	X	F	M	D	Z	E	Y	I	H	M	T	S	O	W	R	W	F	S	X
C	U	G	C	Z	P	A	X	R	Q	V	I	X	D	B	J	E	D	Y	S	R
O	Q	R	L	G	T	U	T	O	M	C	J	A	J	Z	E	M	M	F	E	Q
B	H	H	E	X	N	U	T	U	E	K	D	I	B	G	A	A	L	M	O	H
G	W	N	G	Y	M	C	R	A	J	I	U	R	C	R	M	B	V	G	X	J
E	Y	B	H	M	E	Y	L	B	C	P	V	M	T	P	C	E	U	T	E	M
L	Y	X	J	F	A	H	M	I	U	I	U	M	W	U	H	R	Y	E	W	I
K	T	G	O	C	S	F	T	N	R	L	O	M	V	K	M	N	H	J	I	I
R	Q	Q	E	S	T	R	N	X	R	M	E	N	W	R	V	O	D	K	V	F
O	H	L	J	E	O	W	V	J	X	D	N	N	A	C	V	U	K	Y	N	V
A	E	G	J	V	F	C	H	O	I	R	L	U	C	L	E	L	L	U	E	F
F	Y	Q	K	Q	T	P	S	C	E	M	W	E	O	I	D	L	Z	C	F	T
D	C	S	T	Q	Q	G	X	I	N	B	N	B	G	P	A	I	K	K	E	G
S	E	K	O	T	S	R	E	I	V	A	N	T	J	Z	Z	X	O	H	D	Z
E	L	B	I	S	E	R	P	M	O	C	A	R	K	I	P	J	L	E	Q	N
Q	I	G	Z	J	W	F	O	V	U	B	S	R	A	B	B	E	V	I	U	R

Turbulencia   NavierStokes   Viscoso
TeoremaBernoulli   Vorticidad   Compresible
Computacional

Física Estadística

U	K	Y	V	R	F	M	A	Z	Q	A	D	M	G	C	R	P	L	B	M	Q	T	O
J	Y	S	O	N	P	K	J	Y	Y	J	W	A	U	B	Y	E	R	K	L	O	W	H
H	J	E	O	Y	W	D	V	U	Y	Y	C	U	A	N	T	I	C	A	N	D	Z	P
H	Q	V	S	R	U	W	A	Z	M	W	L	O	K	D	B	T	M	L	Q	K	L	E
W	F	T	F	T	E	B	L	T	U	T	Z	K	Y	O	X	R	R	B	Y	O	M	D
K	M	X	C	B	A	M	J	E	H	U	H	E	D	E	O	P	F	I	B	X	M	U
V	Y	Z	N	I	M	D	U	V	F	X	Q	Y	I	N	F	I	E	F	C	A	C	S
S	C	Q	J	N	O	V	O	N	F	I	J	S	N	N	S	G	X	E	B	B	S	U
R	A	V	U	E	D	J	Q	M	S	Y	U	O	I	K	B	G	X	O	B	D	R	E
B	I	S	L	N	E	R	K	E	I	E	I	M	W	M	U	H	R	Z	W	Q	R	F
V	O	L	Q	T	L	E	S	Q	S	C	D	T	I	R	N	G	J	Q	D	L	K	S
Y	D	W	D	R	O	V	H	Q	U	T	R	N	C	N	U	Y	R	B	W	Y	E	F
D	S	N	U	O	P	A	C	B	X	K	O	O	A	T	A	Z	Y	U	G	O	E	J
B	U	F	U	P	O	A	I	W	P	L	I	C	S	R	O	A	I	A	G	C	Z	M
G	W	M	G	I	T	R	D	E	A	Q	F	T	A	C	G	Z	S	I	V	L	H	K
P	V	X	B	A	T	K	M	W	Z	V	K	F	V	S	O	U	S	Q	W	W	A	C
N	B	X	B	S	S	R	O	L	M	I	D	K	G	C	T	P	T	L	E	P	V	U
R	D	K	I	H	H	R	D	Z	A	L	E	N	U	G	P	I	I	T	A	A	C	K
C	N	D	W	A	C	A	C	P	R	R	F	M	K	H	F	K	C	C	J	C	H	G
Z	F	A	M	N	U	S	V	Z	W	M	T	P	D	M	E	M	N	O	O	M	T	E
J	H	V	A	N	P	G	Q	N	L	T	D	P	B	A	F	I	U	G	O	U	V	C
P	I	D	M	O	M	U	J	N	B	V	T	L	V	L	F	X	A	X	D	Q	W	K
M	F	I	R	N	Z	C	E	T	H	M	X	K	X	I	Y	M	Y	I	I	L	G	G

GrandesNúmeros   DistribuciónNormal   EntropíaShannon
Cuántica   Estocástico   EstadoMicroscópico
ModeloPotts

ÓpticaModerna

G	Y	J	M	P	S	Z	T	Y	A	P	W	I	E	Y	E	J	F	K	A
B	M	J	X	P	A	A	A	W	G	R	O	H	I	M	Y	X	R	Q	C
R	M	H	X	Y	N	F	I	D	M	I	F	N	O	H	T	C	V	O	L
G	R	O	V	H	B	Q	F	C	C	S	E	R	P	F	F	Z	E	Y	
N	U	H	P	I	U	T	A	P	N	M	O	X	M	A	V	Y	C	J	F
O	O	Q	A	T	N	Q	R	A	F	A	G	D	P	H	N	J	D	G	O
D	I	I	M	X	O	T	G	R	Q	S	T	O	W	G	A	P	M	B	G
L	O	Z	C	G	I	E	O	L	R	W	A	C	W	A	A	T	P	J	B
O	Q	R	R	C	C	G	L	N	X	C	B	P	E	G	S	W	V	O	E
U	C	G	Y	C	A	A	O	E	N	I	H	F	H	L	L	D	A	H	G
K	O	H	Z	R	Z	R	H	K	C	T	Y	Z	P	A	F	D	X	V	B
T	O	W	M	T	I	M	F	W	O	T	Y	Z	F	S	D	E	O	I	J
O	J	V	K	M	R	S	Z	I	K	A	R	K	J	O	Y	C	R	I	D
W	R	V	T	U	A	H	I	L	D	O	Q	O	K	Q	K	J	B	A	N
N	V	O	S	B	L	O	A	X	S	Q	Q	A	N	U	D	P	I	P	V
K	H	G	Z	B	O	D	P	P	E	P	K	Z	R	I	I	H	W	M	S
X	P	D	Y	Y	P	W	O	I	P	O	C	S	O	R	C	I	M	P	B
B	W	C	E	V	Q	I	F	I	F	M	T	C	P	H	P	A	W	U	J
D	Z	Q	O	T	K	M	P	K	S	J	G	J	O	K	M	F	L	I	A
V	V	Z	X	G	U	X	C	K	N	W	H	M	T	D	V	L	A	S	V

Holografía   Optoelectrónica   Microscopio
Polarización   Reflectancia   Difracción
Prismas

CamposCuánticos

Z	Z	B	E	P	L	J	N	V	A	D	O	S	K	U	S	T	F	U	S	G
A	Y	V	Q	X	A	A	Z	F	Q	U	M	K	O	T	M	Y	O	G	B	P
Y	G	V	E	H	I	G	C	I	Y	C	H	V	K	H	T	X	Z	T	U	Q
B	O	W	C	Q	X	L	T	I	K	Y	A	R	W	X	O	R	N	O	D	D
P	I	X	N	X	A	O	R	S	T	J	K	D	G	H	Z	L	Q	P	B	Z
B	B	W	Y	F	A	E	W	B	O	S	O	N	E	S	G	A	U	G	E	Z
K	H	Y	X	N	I	Z	B	U	H	K	I	T	S	B	L	U	A	K	M	H
D	M	O	D	E	L	O	E	S	T	A	N	D	A	R	P	S	R	N	N	H
S	Q	O	V	Q	A	R	A	E	C	P	O	D	A	T	S	E	K	N	W	E
P	J	I	S	D	M	O	W	Y	P	Q	L	O	B	T	D	A	S	I	D	Q
L	E	T	W	P	O	C	M	H	D	L	H	H	Z	B	S	H	C	P	U	V
D	K	X	R	S	N	D	Z	B	K	R	J	F	Y	X	E	E	O	K	H	U
Q	N	S	Y	L	A	Y	Z	J	I	P	B	M	I	I	N	P	N	N	Q	W
U	J	W	X	U	N	Y	T	N	V	V	N	D	G	K	O	O	F	I	B	U
H	Y	H	Y	J	W	N	B	G	C	A	B	D	B	J	I	E	I	A	P	N
E	Z	P	Z	D	M	I	Y	Q	E	B	L	Q	K	Q	M	V	N	R	V	S
I	B	Z	Y	J	P	A	D	E	U	P	C	E	V	J	R	A	A	N	M	Z
F	V	X	C	X	C	L	E	K	C	R	R	B	K	I	E	V	D	P	W	S
O	F	K	U	A	I	F	V	Q	O	C	P	I	L	S	F	L	O	Q	D	T
S	N	D	C	O	S	J	I	W	B	A	H	X	L	P	W	X	S	S	U	S
Y	F	V	G	S	J	Q	P	C	W	E	L	J	Q	N	B	M	A	D	W	H

AnomalíaAxial   Estado   Fermiones
BosonesGauge   ModeloEstándar   SpinEstadística
Quarksconfinados

Óptica Moderna

Y	J	F	I	D	D	R	E	F	L	E	C	T	A	N	C	I	A	R	W
O	M	X	N	S	C	L	P	K	U	A	J	M	W	S	C	D	C	U	Q
M	W	R	S	A	N	U	G	O	I	Y	B	I	X	D	I	K	I	L	Q
Z	V	B	H	W	P	H	S	O	L	P	T	T	E	F	R	T	N	A	Y
Z	X	Q	L	F	T	D	Z	F	T	A	J	Y	R	A	L	H	O	I	Z
T	L	E	H	P	H	H	O	L	O	G	R	A	F	I	A	G	R	C	E
G	R	P	E	F	M	U	F	V	S	R	C	I	K	Z	T	G	T	X	F
B	V	A	O	V	U	Q	W	N	P	C	B	D	Z	A	M	N	C	N	E
M	Z	D	Y	W	C	V	B	E	I	Q	L	X	M	A	I	H	E	J	L
N	K	P	O	F	F	A	E	O	J	H	N	Z	A	B	C	G	L	D	P
F	W	V	L	I	B	H	N	M	A	Q	P	O	E	T	R	I	E	I	T
E	F	S	Z	Y	B	H	Q	T	Y	M	T	J	R	E	O	E	O	F	P
Z	S	Q	S	T	P	B	N	U	J	Y	K	B	M	J	S	T	T	N	J
B	K	H	V	R	U	T	D	V	F	Q	G	W	Y	I	C	D	P	J	T
L	A	V	T	M	J	Z	W	L	K	O	L	R	O	A	O	R	O	K	Q
E	H	A	H	M	S	S	A	M	S	I	R	P	S	P	G	M	T	W	
Z	C	D	A	V	D	U	K	R	E	W	I	L	W	Z	I	Z	Q	P	M
T	B	E	S	L	G	D	X	T	Z	T	C	A	I	J	O	W	T	G	G
F	V	T	D	C	U	H	G	J	E	W	B	O	S	L	S	A	A	T	J
L	C	Q	C	V	O	M	D	Y	C	V	S	M	I	R	M	B	N	X	E

Holografía   Optoelectrónica   Microscopio
Polarización   Reflectancia   Difracción
Prismas

Cinemática Avanzada

Q	F	N	B	J	O	I	I	E	D	Q	O	S	K	A
M	W	G	N	R	E	D	W	N	K	V	A	R	O	U
C	R	C	L	A	N	O	I	C	A	T	O	R	O	L
V	H	S	C	L	O	A	S	R	E	V	N	I	R	J
F	P	D	K	U	Z	K	E	P	L	E	R	P	K	Z
D	M	F	D	G	U	E	I	Y	T	J	J	C	Z	J
O	N	O	H	N	R	R	I	K	M	O	D	P	V	Y
R	P	E	T	A	T	M	C	Z	V	X	F	L	L	E
N	W	P	I	N	E	P	Q	T	H	C	M	Z	D	D
P	D	Y	E	D	E	H	W	P	W	S	Z	H	Y	C
K	J	C	N	N	U	M	O	I	Q	W	F	K	B	W
C	V	Z	U	P	D	G	O	Y	A	I	N	G	B	M
N	Y	G	A	X	T	U	G	M	F	H	D	J	R	Q
B	X	C	N	C	N	G	L	F	B	F	L	B	A	C
A	U	T	X	I	M	G	G	O	L	I	F	T	R	I

Centrípeta   Angular   Kepler
Rotacional   Momento   Inversa
Péndulo

Plasmas y Fusión

Y	T	W	D	Z	F	K	N	Y	O	Q	Q	P	O
G	P	A	M	P	R	F	N	Y	A	Q	Z	O	S
X	V	Y	D	Z	B	O	V	W	Y	E	B	E	O
E	N	M	C	I	I	Z	P	J	A	J	R	Y	T
T	W	H	L	S	N	P	I	M	M	Y	I	R	T
F	I	W	U	V	E	E	H	S	H	F	H	A	T
K	X	F	O	I	R	E	T	U	E	D	X	V	Y
M	W	X	O	Y	C	L	A	S	E	R	Y	P	P
A	J	I	F	R	I	Y	G	I	O	L	X	T	D
B	V	H	D	P	A	S	L	H	I	S	Z	X	V
I	K	Z	K	J	L	W	D	L	C	N	A	N	F
G	S	H	D	C	X	W	Q	N	A	I	F	F	L
W	T	N	Q	M	I	X	Z	J	V	O	S	K	C
O	V	Q	C	P	G	M	I	M	E	P	O	P	E

Vacío   Inercial   Fusión
Deuterio   MHD   Sostenida
Láser

Radiact. e Isótopos

J	S	K	O	X	R	W	B	E	D	X	Q	A	P	O
P	T	S	Y	I	U	J	J	B	Q	V	K	Q	A	O
L	P	T	E	R	N	J	Y	W	Y	R	J	C	V	E
O	O	Q	A	L	A	I	C	I	F	I	T	R	A	L
P	S	N	V	L	B	W	E	D	R	I	W	L	A	D
W	I	J	S	X	F	A	Q	Q	N	D	C	Y	C	N
O	U	V	T	B	M	A	T	I	M	Z	O	Q	C	D
D	X	Z	L	M	A	I	D	S	T	P	O	B	U	X
L	E	C	A	A	C	O	A	T	E	B	A	L	I	S
M	W	G	W	D	S	E	L	T	O	S	R	Y	I	T
I	B	O	L	H	W	E	T	D	F	S	E	N	E	G
U	R	T	J	S	D	H	Y	R	Z	O	L	H	G	G
D	G	G	G	J	X	M	I	W	M	J	X	L	J	S
K	S	Y	B	T	A	M	B	B	U	E	Q	D	P	O
X	C	E	C	J	D	H	V	J	A	C	L	Q	D	O

Actínidos   **Alfa**   **Beta**
Gamma   **Estables**   **Artificial**
Uranio

Física Estadística

W	J	S	G	T	R	J	Z	P	C	W	V	T	T	X	G	O	B	I
C	L	L	O	C	F	C	G	T	W	M	H	F	S	N	V	I	J	I
W	C	W	V	R	Q	T	L	G	M	M	X	H	V	M	H	E	M	Z
T	O	G	U	V	E	R	I	T	I	E	R	Y	O	O	X	W	E	Y
V	H	U	K	K	F	M	G	O	C	I	T	S	A	C	O	T	S	E
U	Y	D	K	R	G	T	U	W	R	F	B	H	P	U	P	I	B	L
J	N	S	E	S	G	P	U	N	O	S	T	A	Q	S	D	Q	L	M
O	E	N	E	T	H	X	K	U	S	T	R	N	A	E	Z	X	Y	I
A	J	S	I	E	R	H	K	R	C	E	A	N	Y	P	Q	L	O	G
C	R	F	O	U	B	D	Z	L	O	C	D	O	D	Q	T	O	X	P
I	D	D	P	I	P	E	H	J	P	S	C	N	O	R	M	A	L	W
T	O	F	G	V	A	G	E	M	I	N	K	V	A	J	X	J	K	L
N	P	O	H	P	Z	Q	Y	F	C	M	Y	L	L	R	S	G	M	K
A	R	N	L	O	R	A	O	B	O	P	X	G	U	I	G	V	W	W
U	L	Z	E	T	D	A	Z	J	P	M	G	M	B	F	Z	F	P	D
C	T	J	X	T	F	H	V	P	Z	N	E	E	K	O	B	K	H	E
K	Z	R	H	S	C	M	F	D	S	N	Q	C	P	T	E	H	Q	J
R	B	D	Z	U	M	H	Q	B	K	L	E	P	T	B	T	G	C	O
I	M	F	A	H	Q	U	L	D	Y	K	J	N	G	D	R	K	O	F

GrandesNúmeros   Normal   Cuántica

Shannon   Estocástico   Microscópico

Potts

Magnetismo

L	K	B	N	C	M	W	W	V	K	F	Y	I	W	P	O	E	H	H
C	R	E	L	S	K	I	H	T	J	B	V	E	Z	A	V	Z	P	S
X	M	G	K	U	X	X	U	F	M	W	H	V	E	R	L	Z	K	W
C	H	E	A	Y	L	L	G	Y	X	X	Q	R	F	A	E	J	U	T
V	R	B	B	C	H	B	W	Y	C	E	R	E	P	M	A	Y	E	L
H	S	O	N	R	G	D	M	N	M	W	R	R	C	A	D	U	A	P
D	M	R	T	O	B	A	P	I	G	R	T	N	C	G	C	P	K	N
A	H	N	R	C	I	C	G	N	O	F	D	W	J	N	S	K	F	Y
M	O	X	G	L	U	C	A	M	C	W	G	D	S	E	W	C	M	Z
U	A	Y	C	I	K	D	A	M	H	D	D	M	E	T	G	V	R	D
O	H	P	U	I	X	G	N	Z	P	S	M	P	W	I	I	Q	H	Z
G	O	I	T	S	N	F	T	O	I	O	A	M	S	C	F	U	I	V
J	D	Y	E	E	O	K	H	Q	C	T	D	P	G	O	R	B	J	M
T	H	G	T	D	D	S	Z	I	S	R	E	M	S	D	Q	Y	H	L
T	Z	I	Q	G	O	C	D	O	N	F	E	N	I	L	H	Z	Y	Q
K	C	R	O	N	J	W	E	P	T	B	P	P	G	Q	I	Z	C	U
O	Z	S	Q	L	O	P	I	W	Q	W	O	K	U	A	V	K	B	X
H	N	I	T	G	L	C	I	D	S	L	E	S	L	S	M	F	Q	R
H	D	H	E	V	E	T	A	W	O	O	W	D	C	F	C	X	S	C

Campo   **Dipolo**   **Ferromagnetico**
Paramagnetico **Magnetización**   **LeyAmpère**
Superconductor

Electric. y Magnet.

B	J	G	C	S	X	Y	G	C	N	J	R	L	O	W	F	I	C	G
B	W	T	L	M	F	V	A	R	P	H	G	C	V	B	L	P	Y	M
I	W	N	H	L	T	Z	H	Q	V	H	T	S	T	G	N	R	I	M
Z	Z	G	A	O	F	J	U	A	Y	E	G	J	L	F	P	C	K	X
I	J	F	M	F	C	O	Y	U	L	J	N	L	M	S	J	B	B	N
R	A	D	M	P	M	I	F	R	K	L	L	N	X	T	Q	T	Z	C
T	N	P	K	J	O	F	R	R	B	Z	B	M	H	E	Z	A	L	O
O	E	Y	B	T	Z	T	V	T	E	O	B	M	Z	A	F	Z	Z	R
M	I	H	D	I	E	F	E	Z	C	O	D	B	V	W	W	D	K	R
O	E	S	K	S	O	Y	L	N	D	E	B	Y	Z	W	C	C	K	I
R	N	Z	W	G	W	T	W	V	C	E	L	Q	A	H	P	U	Y	E
T	P	N	R	T	E	Y	S	Z	R	I	D	E	X	P	K	Z	R	N
C	N	L	M	O	N	N	Y	A	X	H	A	G	O	C	E	X	D	T
E	Q	C	P	V	B	M	Y	I	V	X	H	L	R	P	H	B	N	E
L	O	Y	T	I	G	H	X	J	X	A	U	P	V	V	M	X	G	S
E	Q	M	O	O	D	W	N	D	J	P	R	T	E	T	O	A	S	G
A	H	P	E	M	K	W	T	G	V	C	Y	T	H	X	E	R	C	J
O	P	H	C	F	S	S	C	O	U	L	O	M	B	U	X	F	U	X
A	H	L	T	E	Q	E	S	O	L	Y	G	D	Q	Q	B	R	F	N

Coulomb   Potencial   Corriente
Ohm   Electromotriz   BiotSavart
CampoEléctrico

OndasElectromagn.

B	J	L	M	A	L	F	D	T	X	Q	I	Q	C	P
S	D	A	R	V	J	T	V	W	S	E	E	K	Q	B
V	W	J	W	W	X	C	A	M	O	T	X	D	Q	N
O	E	U	M	L	L	S	Z	D	Y	U	O	P	T	D
L	J	N	O	I	C	A	I	D	A	R	O	J	R	R
L	M	O	V	A	Q	D	S	T	R	A	F	X	A	C
C	U	Y	R	Z	S	N	P	V	S	I	D	Y	D	F
K	R	Z	H	R	I	O	L	B	O	W	O	B	N	S
V	K	S	V	A	A	O	M	R	J	S	R	K	I	L
K	Y	Y	X	I	I	R	T	A	G	B	D	U	K	P
C	K	U	Y	Y	S	C	F	A	H	C	U	N	C	I
N	N	K	M	Q	E	I	M	N	O	W	W	B	A	J
I	X	C	L	P	Y	M	B	K	I	X	B	J	M	A
Q	H	J	S	P	A	J	N	L	K	I	U	Q	Y	A
K	O	E	V	A	K	V	P	Y	E	U	S	I	R	E

Espectro   **Radiación**   **Microondas**
Infrarrojo   **LuzVisible**   **RayosX**
RayosGamma

Relatividad Especial

O	X	P	W	Q	I	O	T	N	Z	M	J	D	T	V	T	K	L	Q	J
G	A	J	P	H	F	M	L	Z	E	H	X	P	Z	X	P	Z	R	P	C
Y	W	G	P	Z	C	L	W	U	J	C	R	N	U	I	F	P	D	C	C
I	H	U	H	O	U	W	A	L	J	O	M	X	W	A	Z	H	H	I	X
L	M	S	G	E	A	R	F	E	J	A	Q	T	O	T	W	E	J	T	M
R	P	O	L	S	T	F	D	J	S	F	Y	P	W	U	W	U	S	H	K
P	E	R	H	D	R	K	N	A	S	I	M	J	X	R	P	H	D	K	Y
Z	R	L	M	M	O	E	E	I	L	E	I	M	I	A	V	S	Z	Q	D
C	Z	G	W	Y	V	N	V	V	I	S	X	O	A	T	I	E	B	D	Q
H	W	N	L	F	E	N	T	T	F	A	X	Y	A	F	D	E	S	I	J
I	V	A	O	R	L	W	O	K	V	C	J	L	O	J	L	S	H	U	R
P	L	Z	G	I	O	I	G	I	X	E	F	G	F	T	U	F	U	J	M
M	E	I	L	H	C	T	Z	S	C	Y	L	X	I	D	S	U	E	K	O
Q	A	D	S	A	I	A	B	A	Z	C	F	O	B	M	Q	U	E	Y	J
B	G	T	P	G	D	B	T	G	R	A	A	X	C	S	T	X	I	M	M
R	K	S	X	W	A	L	U	A	E	C	U	R	L	I	F	C	E	O	M
C	E	P	K	V	D	H	D	F	L	U	V	B	T	J	D	E	Q	N	F
Z	P	P	Y	W	G	N	K	S	B	I	M	K	X	N	D	A	K	L	R
S	I	O	S	F	D	Q	P	E	R	A	D	A	N	M	O	P	D	P	O
L	U	C	Z	S	P	Q	G	S	V	B	Y	O	W	D	F	C	J	M	U

EspacioTiempo   Velocidad   Dilatación
Contracción   MasaEnergía   CuatroVelocidad
ViajeLuz

Física Nuclear

V	R	G	T	X	A	C	T	L	F	B	C	S	Z	X	M	K	M
A	X	A	U	J	L	O	I	T	E	X	K	B	B	T	Q	V	I
Z	G	U	D	S	M	C	S	D	X	I	S	C	A	V	X	G	M
Q	C	W	K	I	V	Y	T	E	I	C	P	J	S	G	F	L	T
W	J	A	X	M	A	Q	B	U	V	S	K	X	Q	Z	R	H	V
U	Z	R	O	M	Z	C	X	N	A	A	U	R	L	T	B	Y	V
F	E	V	Y	K	A	O	T	I	R	L	Q	U	R	D	Y	S	A
F	S	G	E	R	V	H	F	I	W	U	P	U	V	R	Q	F	F
W	Q	W	D	R	J	V	Y	T	V	C	J	K	N	J	E	N	D
J	E	M	D	E	Y	K	Q	F	Y	I	Y	N	C	Y	N	Y	Z
P	Z	N	D	D	L	U	N	Q	W	T	D	V	U	R	O	H	G
V	G	Q	I	Y	A	F	O	Y	A	R	R	A	I	Y	I	S	T
O	B	Z	F	R	Y	X	I	E	W	A	K	Y	D	S	S	E	P
U	L	S	E	E	O	K	S	C	L	P	X	R	L	Q	I	Q	F
F	D	E	D	J	P	M	U	J	Q	C	T	M	K	S	F	N	W
U	C	Z	D	D	L	N	F	L	V	Q	U	Z	Q	G	P	R	Z
B	S	E	N	O	I	C	C	A	R	E	T	N	I	X	T	P	Q
Y	F	C	K	A	M	E	N	H	Q	T	H	J	I	V	J	M	P

Núcleo   Radiactividad   Fisión
Fusión   Partículas   Modelo
Interacciones

Mecánica Cuántica

T	S	X	H	K	Z	F	F	P	B	N	Y	W	H	Y	W	K	A	L	I
N	E	M	Z	B	L	D	L	D	O	K	R	R	S	P	O	U	J	M	Y
Q	H	K	J	I	D	Z	E	L	N	G	D	W	A	H	K	D	T	W	S
T	C	K	K	U	H	I	T	S	G	W	O	P	T	R	J	S	O	Y	S
L	U	T	O	E	X	B	T	W	G	A	W	J	Q	F	E	X	E	K	J
Z	V	H	X	S	Q	B	M	K	T	A	F	C	V	L	B	U	F	B	X
S	Q	E	N	T	R	E	L	A	Z	A	M	I	E	N	T	O	E	A	A
A	V	B	N	A	E	F	Z	J	A	Z	X	Y	M	G	J	P	C	B	S
Y	O	E	M	D	R	O	F	A	C	A	G	V	Z	W	S	Z	T	I	M
Z	L	G	T	O	E	L	M	V	J	P	F	K	B	V	Y	E	O	U	H
R	F	W	Q	C	B	C	Q	A	X	N	R	B	H	T	B	K	T	H	Z
Q	J	E	H	U	K	B	O	M	F	S	Q	J	M	J	T	N	U	S	D
P	W	W	W	A	B	E	H	H	T	M	F	X	B	G	A	B	N	M	N
M	B	W	S	N	E	I	V	J	E	J	J	E	S	U	L	T	E	Y	J
F	Z	G	I	T	X	J	T	M	W	R	C	F	Q	B	C	I	L	J	G
X	W	C	H	I	K	S	D	S	S	P	E	N	F	H	B	X	U	U	Y
A	H	P	B	C	D	C	O	B	Z	J	U	N	F	Q	O	A	N	Y	C
Z	B	H	H	O	P	S	M	X	R	T	H	C	C	W	X	F	F	F	J
X	Y	U	T	Z	X	C	W	R	Q	D	I	X	M	I	P	I	P	J	K
G	R	D	N	Y	D	I	M	H	T	S	E	R	O	D	A	R	E	P	O

Quantum   **EstadoCuántico**   **Operadores**
EfectoTúnel   **Decoherencia**   **Qubits**
Entrelazamiento

Fenom.Ondulatorios

D	S	G	J	O	O	B	P	F	Q	S	F	J	H	X	U	C	Z	U	Y	F
W	I	W	W	U	C	J	V	U	T	Y	V	V	H	F	S	Q	W	G	W	R
M	G	S	R	A	I	R	A	N	O	I	C	A	T	S	E	A	D	N	O	S
E	K	C	L	Q	O	I	A	H	Z	O	I	D	W	K	I	M	Z	G	X	I
T	M	W	B	Q	Z	L	K	Q	L	P	D	N	C	C	H	O	R	K	O	Z
E	E	C	F	J	C	F	B	Q	Z	I	K	O	N	S	C	Y	Q	N	J	H
C	S	J	H	C	X	O	Y	J	F	G	Q	E	N	N	A	T	F	T	N
C	Z	G	K	X	V	R	I	R	G	M	R	D	X	P	V	D	S	D	Y	O
F	Z	M	A	K	N	E	A	P	D	E	X	D	O	A	J	N	G	S	F	I
Q	J	J	D	I	I	C	Z	B	F	D	U	U	Y	W	A	Q	Q	T	D	C
U	B	Y	M	X	C	Q	U	R	E	T	L	T	W	S	Z	W	O	I	F	A
A	W	S	C	I	U	N	E	J	I	G	O	I	E	L	M	F	Y	S	U	L
W	F	H	O	K	A	T	A	L	G	G	B	G	F	L	N	Q	Z	D	X	I
H	W	N	I	B	N	D	P	N	U	R	R	N	Z	Q	Y	L	X	B	D	C
C	D	P	X	I	L	M	P	O	O	S	B	O	V	H	S	R	E	Z	F	S
A	S	S	G	L	A	X	D	V	X	S	A	L	N	I	O	E	N	N	Y	O
S	O	J	W	X	L	K	G	P	Z	X	E	X	Q	N	K	Q	Y	O	W	X
T	W	V	R	D	T	X	V	N	X	X	Y	R	T	R	K	L	B	K	K	J
P	Y	B	B	E	I	F	H	T	W	N	Z	I	C	W	L	A	H	X	F	S
Y	V	V	N	B	J	G	D	R	W	Z	U	B	J	T	Q	W	C	B	O	J
E	H	M	J	C	U	G	J	I	I	K	U	E	N	V	F	W	S	O	O	M

Interferencia   Difracción   OndaEstacionaria
Resonancia   LongitudDeOnda   Amplitud
Oscilación

TªRelatividad Gral.

B	B	Z	Q	U	G	O	B	U	T	B	P	I	W	D	W	M	E	O	C	D	C
F	N	U	D	H	L	E	X	D	M	H	H	I	S	J	W	X	J	K	I	U	I
N	M	Q	J	X	D	C	O	L	H	W	H	W	P	S	P	Y	R	V	Y	E	K
B	R	J	N	P	R	A	O	Z	I	N	R	C	F	U	D	C	X	V	D	E	E
Z	C	F	E	R	U	H	D	Z	U	R	L	X	Q	K	W	E	R	N	R	O	N
M	U	M	Y	D	I	G	I	I	T	Z	I	P	P	P	Y	W	W	N	S	G	V
C	R	C	B	J	K	P	S	Q	R	S	H	R	A	H	D	S	M	R	Q	Z	R
V	V	R	V	C	B	S	A	P	E	A	R	I	T	W	I	E	E	T	K	S	N
E	A	H	X	X	B	Z	A	N	N	M	L	F	Y	S	G	V	S	S	G	V	Z
M	T	K	J	X	F	N	J	Q	E	L	E	U	U	H	I	P	X	Q	H	I	I
T	U	T	G	G	I	N	M	K	R	U	M	P	G	N	O	M	A	W	P	R	G
I	R	U	G	Q	P	F	C	X	G	Y	P	L	U	N	O	A	M	F	F	M	R
C	A	M	A	R	D	K	I	G	I	V	Y	N	M	C	I	E	G	R	V	Z	A
W	E	G	P	R	R	V	U	B	A	Q	O	D	J	Y	U	S	C	Y	L	P	V
E	S	S	K	D	M	I	E	K	O	I	O	C	Q	M	Y	F	A	L	G	B	I
W	P	A	V	J	O	V	P	U	S	H	T	S	K	W	X	B	H	D	K	O	T
R	A	Q	M	O	T	P	Q	N	C	B	U	A	L	A	D	X	P	Z	A	M	A
M	C	S	B	X	A	M	A	G	U	J	E	R	O	N	E	G	R	O	T	S	C
O	I	I	K	U	M	P	U	A	R	M	A	R	Y	S	S	K	I	B	S	T	I
P	A	X	M	G	X	J	M	D	A	I	F	W	Q	F	M	R	B	Q	D	D	O
H	L	W	E	E	H	Q	H	T	E	N	S	O	R	M	E	T	R	I	C	O	N
Z	F	T	I	C	M	F	F	K	Y	L	L	V	K	X	R	P	T	B	J	P	E

CurvaturaEspacial   TensorMétrico   Singularidad
AgujeroNegro   EnergíaOscura   ExpansiónUniverso
Gravitación

Termodin. Estadística

R	X	E	R	J	N	Y	U	Q	G	J	C	W	S	I	B	G	T	V	K	Z	F
S	P	N	U	P	E	X	P	V	P	H	J	C	L	H	O	E	Q	Y	B	W	Y
V	A	N	D	P	X	S	F	Z	D	N	O	Y	I	W	L	P	R	S	S	M	J
Z	K	R	X	M	M	G	H	X	P	K	I	R	H	B	Z	D	G	V	H	A	T
X	I	P	N	P	J	B	P	U	Y	T	O	A	I	K	O	N	F	I	X	K	V
G	X	V	G	S	T	M	K	B	J	I	L	S	O	R	O	I	S	T	X	F	W
U	K	Q	T	A	D	I	R	F	E	U	R	N	B	I	Q	T	E	Z	A	T	Z
F	I	I	M	B	S	K	Z	I	Y	E	Y	O	C	W	L	X	O	O	K	R	Y
K	I	B	K	I	S	I	U	R	V	R	U	I	N	A	J	S	G	Q	B	W	A
O	F	L	I	V	R	H	D	E	Z	V	T	C	V	S	Y	D	C	M	N	Z	L
R	G	Z	X	W	S	T	R	E	A	R	O	I	T	G	R	R	D	P	W	X	W
W	A	E	G	W	M	O	N	B	A	I	F	T	K	P	X	V	Y	Q	A	C	L
W	U	A	N	L	S	P	K	P	E	L	X	R	K	B	X	I	L	N	T	G	E
P	W	I	I	E	H	O	I	Z	Y	U	O	A	M	S	I	Z	G	L	X	Z	A
A	Q	P	C	V	G	V	C	D	L	G	N	P	A	D	M	X	L	S	I	B	I
Q	B	O	L	T	Z	M	A	N	N	S	G	I	N	L	R	J	U	I	P	X	N
N	R	R	F	S	C	J	B	V	C	F	K	U	Q	K	S	N	W	Z	Y	K	X
P	S	T	Q	B	Y	I	A	B	K	G	Y	Q	L	W	S	J	H	C	O	U	Z
B	C	N	C	I	N	E	T	I	C	A	D	E	G	A	S	E	S	I	V	R	G
H	H	E	A	R	O	J	L	R	F	S	U	D	A	Z	Q	R	E	Z	Y	A	K
P	E	T	J	R	X	T	T	R	V	H	M	V	F	W	J	M	N	U	T	L	N
T	V	Z	C	A	D	O	P	F	V	R	X	V	D	J	G	V	L	N	F	T	M

GasIdeal   **Equipartición**   **Entropía**
Boltzmann   **ProcesoReversible**   **CinéticaDeGases**
Partición

Física de Partículas

T	J	R	Q	Z	A	K	G	P	A	G	C	C	L	A	C	G	P	S
C	Y	M	O	S	H	C	G	Q	Q	E	P	Y	A	C	M	A	Y	U
Z	U	C	G	Z	Y	K	I	Q	M	C	B	Z	P	A	R	V	H	O
J	C	A	E	D	U	H	A	M	T	Y	V	F	V	M	A	A	N	T
F	S	V	U	K	J	A	W	S	A	N	H	I	P	T	D	T	J	Y
Q	I	G	I	N	Y	U	O	N	X	N	H	H	W	R	N	I	E	J
S	K	G	W	P	P	B	N	B	R	L	I	P	O	L	A	G	Z	B
I	E	Z	L	D	U	F	G	Z	Z	C	E	D	K	X	T	L	H	O
N	O	P	H	M	F	O	Y	A	C	U	A	H	O	J	S	B	C	S
L	Z	Z	X	N	R	W	D	N	V	R	M	S	E	M	E	J	X	T
G	D	M	T	H	N	U	D	J	E	C	E	C	Z	S	O	M	J	R
V	S	E	N	O	T	P	E	L	F	I	O	E	I	A	L	R	C	C
E	E	K	S	D	X	I	E	Y	W	K	O	O	D	G	E	H	C	G
A	V	O	R	X	Q	C	A	F	R	V	X	L	Z	O	D	W	T	I
C	B	X	C	A	A	Y	B	Y	H	V	W	E	U	B	O	J	I	W
X	O	Z	Z	P	U	E	E	R	S	D	J	K	F	B	M	B	Z	F
L	L	R	U	J	H	Q	W	D	N	S	L	V	F	F	G	D	W	G
C	O	L	I	S	I	O	N	A	D	O	R	Q	C	I	Z	Y	B	Z
U	T	E	J	R	P	C	Q	C	F	S	R	B	I	L	T	I	T	C

Quarks   **Leptones**   **Cromodinámica**
BosónWyZ   **ModeloEstándar**   **Acelerador**
Colisionador

Óptica Geométrica

M	I	I	O	F	F	B	P	W	X	V	Y	E	S	V	Q	T	N	T	N	C
A	H	S	Y	D	Q	K	M	P	L	A	N	O	C	O	N	C	A	V	O	K
Y	F	V	J	J	M	R	E	F	R	A	C	C	I	O	N	Q	C	B	I	Z
L	J	A	N	S	T	Y	S	K	D	I	H	Y	S	E	V	K	I	N	X	K
D	E	E	D	M	A	Y	A	C	W	M	S	U	O	X	K	O	T	W	E	F
Y	B	N	L	Y	J	K	Z	U	D	J	H	M	K	A	R	P	P	V	L	M
Y	C	B	T	D	L	Y	S	S	W	J	L	U	A	J	Q	R	O	E	F	X
N	J	J	X	E	W	L	D	S	U	U	F	K	V	S	T	Q	N	A	E	O
T	Q	Y	C	K	C	S	P	Q	Q	A	Z	Y	S	V	W	T	O	E	R	E
V	B	X	Y	N	B	O	Z	W	Z	X	T	Q	V	B	E	G	I	J	A	D
Y	X	C	A	T	Z	H	N	C	P	B	W	M	H	D	Q	A	C	Y	Y	Q
L	H	Z	Z	I	Z	Z	G	V	P	G	Y	I	I	G	X	A	K	S	I
I	Y	E	J	W	X	B	R	R	E	C	Y	V	U	U	R	T	R	L	H	A
X	E	G	Q	A	L	M	R	Z	S	R	E	I	L	O	H	S	R	Q	T	A
R	A	P	D	N	L	R	M	A	B	R	G	V	X	E	I	W	E	W	X	C
L	K	Z	B	N	F	U	X	X	G	F	K	E	O	T	Y	S	B	Q	S	M
V	I	S	X	T	E	H	D	E	P	N	N	X	N	C	F	D	A	R	O	Z
R	R	U	P	G	L	C	N	V	B	E	L	F	W	T	H	W	N	E	P	R
Z	Y	W	T	R	E	T	X	Y	R	W	Y	K	B	K	E	C	A	X	F	D
M	A	L	K	B	E	Y	P	J	B	C	Y	E	T	D	Z	B	O	G	E	T
I	A	D	K	S	Z	V	Y	N	V	Q	X	Z	S	B	E	Z	V	K	S	U

Reflexión   Refracción   PlanoCóncavo
LenteConvergente   AberracionÓptica   Prismas
LenteDivergente

Termodinámica

J	N	O	E	T	S	O	Q	F	N	Q	K	X	A	C	P	N	L	Q	S	D
E	L	H	K	N	A	N	X	Q	N	W	O	W	A	E	Z	H	U	H	A	J
N	T	A	F	W	A	H	O	B	B	B	F	A	N	A	H	T	U	I	S	G
X	C	T	K	L	Q	T	F	S	P	F	Z	B	R	N	T	Q	P	N	H	O
E	X	E	O	X	Z	W	P	W	S	B	Y	O	B	R	H	L	D	Y	N	M
N	J	N	Z	I	O	N	Y	X	O	W	T	C	G	E	A	K	W	B	N	I
Z	B	O	H	O	R	T	I	H	Z	H	S	E	X	T	Y	L	M	Z	L	Q
R	O	E	O	J	A	A	L	J	A	J	W	O	N	N	M	N	I	D	C	J
P	B	J	O	H	U	D	M	R	H	K	E	E	K	I	Y	A	Z	F	Y	M
W	O	I	B	L	A	D	Z	E	X	B	S	V	G	A	Z	N	M	C	Y	D
J	Z	C	W	Y	C	J	Q	D	L	P	G	Z	O	I	R	A	C	Z	I	J
T	J	O	P	H	G	I	O	P	O	Y	G	C	S	G	G	P	S	V	L	H
C	X	W	J	P	L	Z	C	E	G	G	O	E	S	R	V	J	C	E	E	Y
M	T	S	R	T	R	Y	S	L	B	G	G	B	K	E	C	I	G	C	Y	Z
H	F	N	Z	J	M	Q	Q	F	H	L	X	W	Y	N	J	M	F	Q	E	C
C	Z	E	K	L	K	E	D	I	E	T	X	V	M	E	N	U	T	W	S	V
T	J	M	C	J	M	T	Y	T	C	A	L	O	R	K	L	B	Q	M	E	C
I	B	Y	B	A	Q	C	G	J	Q	O	I	H	F	U	U	P	Y	C	V	D
N	I	H	S	S	A	K	U	E	K	G	N	T	M	F	J	O	J	S	X	M
K	W	V	L	K	U	Q	D	K	Y	C	X	D	O	L	W	S	Y	E	A	F
R	I	S	D	E	N	T	R	O	P	I	A	D	N	N	L	L	R	U	L	I

Entropía   Calor   EnergíaInterna
Leyes   Ciclo   Entalpía
LeyBoyleMariotte

FísicaCuántica

U	M	G	A	D	P	S	O	D	X	O	C	C	S	C	I	T	U	Y	O	D
Y	A	B	P	C	Z	A	V	A	X	K	K	T	N	D	H	Z	V	T	T	K
J	Q	Z	O	J	I	Q	Z	D	X	C	P	R	T	R	F	X	Y	R	N	L
H	R	Y	D	H	D	T	Z	I	X	U	Q	W	F	N	O	V	N	S	E	Q
D	G	E	P	A	K	C	N	L	Y	T	A	T	U	A	T	M	M	J	I	X
D	C	Y	J	X	M	K	Q	A	U	H	E	F	U	S	O	M	I	E	M	N
T	G	M	L	F	K	P	P	U	U	K	D	L	D	H	N	D	A	X	A	L
U	W	S	L	Y	E	K	P	D	G	C	N	J	L	P	E	G	U	B	Z	C
J	L	J	K	E	P	V	B	T	H	T	A	N	E	T	S	W	H	I	A	N
G	J	U	T	F	S	F	N	M	K	S	T	C	G	H	Y	J	Z	I	L	G
R	Q	F	J	U	B	A	I	R	V	K	E	D	J	Q	O	E	M	E	Q
F	B	F	L	W	W	M	Q	X	J	Y	K	Q	G	N	U	B	A	G	R	C
E	C	E	P	A	R	T	I	C	U	L	A	O	N	D	A	J	B	O	T	N
J	V	V	E	D	A	H	Z	D	I	M	E	H	J	W	N	C	U	D	N	M
O	N	A	U	Y	D	I	L	B	M	L	Q	X	S	N	T	U	E	I	E	Z
O	R	F	M	Q	G	E	R	N	G	U	I	F	P	B	A	K	K	M	M	C
L	O	H	D	O	P	I	B	J	E	H	H	L	P	R	K	L	G	M	G	L
O	P	S	U	P	E	R	P	O	S	I	C	I	O	N	A	K	E	F	M	S
P	G	O	V	I	M	F	K	G	Y	I	K	S	F	A	V	U	E	Q	A	K
G	I	N	C	E	R	T	I	D	U	M	B	R	E	C	O	H	C	T	Z	B
B	P	H	D	J	C	U	Q	J	J	G	Z	X	I	W	J	M	D	Q	Z	S

PartículaOnda   Dualidad   Mecánicacuántica
Superposición   Entrelazamiento   Incertidumbre
FotonesYQuanta

Campos Magnéticos

```
J F X X F D G L Q E P P K Y X W M J K U
T Q K Z S A L E Y D E F A R A D A Y X F
E M S U K Z E E N A V E S I M H R B K T
N S E H Y I R S Y S Y D B J H P Z J S Y
F U V B F A T M V D C T W F K D M Y D V
A U U I W U S O Q B E Z B Q Q S D I G B
K K T Y I K E J G G B A D A E O P G Q L
P E W T P F R R P R K B M X P O J U G A
I D F J P D R E Z N C H P P L V I G T D
P C R L A S E B T A Z L D O E U S N K Q
M Q P Q H T T G R C M U M Y D R F U T Q
H E O F U W O W Z X W A S E S O E V X E
Q T A F W H P H J Y G J G U N G S U P V
M I P L V B M S R N S K E N W C X P D H
N O Q E S N A O E D Q O Q Y E D U A H E
V R I Z X H C T D W B I E P Z T Y V T L
I M V K G K I U B T B G C K V B I Q A K
O N O I C C U D N I J X A F D U L C C J
Q C I U O F K N G L S E N A M I W R A K
Z R P Z E Y O I U H W B T N L A D P I E
```

Imanes **CampoTerrestre** **FuerzaMagnética**
LeyDeAmpère **LeyDeFaraday** **Inducción**
DipoloMagnético

Electric.yMagnetismo

```
B C D G D R L J G V T Z C E W N S L L O F V K B
T A M T U N C V M H O E D Y E L T G I O I E C Z
K P L A L Y E D W C T Z S N I Q A J G U C H S S
H Q S O C D C W A N R N B E X O I Y L H M B W Z
N L E I X L T A E Q E I B S A G I L U H J O K R
B M G H Z D P I G P S D Z Z U Y P Q A C H P X
A C K K T K R G U Q W A Z B A R I R G I I S I A
F L N Z I R T O M O R T C E L E A Z R E U F S H
T Z R O O G A P E T H X U L U X C T K S I N G S
X F E C Y V K V J S X P O K D Z C D Q R D C L E
K W E F X Z Y B A B P Q E C S E L R W R X I Q X
M Y Y P D B B M N S T W W E L L E N Z E M R O B
M M S X V L B W B G T L A E E V Y U M O D C C H
L V T V O D I K Z S D O L S P P D W A P M O E X
N E Q O J N Q V E J X A I Q T E E H E X F H A G
D G C L H X S R J A I E A B B O C O O K U I I S
W P Y W B Z G F Z C P Q Z Q Y W O V L X L U T G
P U G V L W L A N Y W R Q V W E U L N L E L C Q
P T X D O V G E W U E Y L A K N L P N A K R T R
F E M B X B T I L Z S G F G N B O H D O O O D D
F S I L R O J U Q D C T I E B T M U E C V Y A P
P C A M P O E L E C T R I C O M B Z B N X R S S
J A N T Q L R I K T D Q A Y A Z O O O V V D U B
S N C Q O K U M N O S T R K Y X B U J D B L Z Z
```

LeyDeCoulomb **PotencialEléctrico** **CampoEléctrico**
Corriente **LeyDeOhm** **FuerzaElectromotriz**
LeyBiotSavart

Ondas Electromagn.

```
G Z N Q X D S F O S W T L O T T X
Z D B Y A S Y I A Q M C O Y M S R
L M C P A X I O J M D L A B Z A F
N Z L E U M L N W M K R R O A D O
J R T U S K M Z F F W O O R Y N N
M C A C Z W W A R R N J I R Q O O
I A L P V A H G D A N R M F O I
V D Q N H E I X A Y Y R G U I R C
O I L L U R P S R R X T R D H C A
J S V M H N D M I Q S S Q O K I I
Y B Z I V E L W J B B H O Y J M D
O G U Z R G Z B A O L H E Y P O A
F G D A F Y R W I R O E W N A P R
V W D J J O R T C E P S E A A R Z
E I G H P R B Y U H B G E H O A R
O T P D I Z X A W C Z J O H T D C
G X E O T R U N L U C T N L I V I
```

Espectro **Radiación** **OndasDeRadio**
Microondas **Infrarrojo** **LuzVisible**
RayosXyGamma

Relatividad Einstein

```
N P S K L X L P S H K U L Q N O K U V U B C J T
A A K Y O T T T M H C V Z D W C B A J R J W X N
X A I Q W V D X T R Q R H T Q H Q A M C M Y Y H
X V F O D E N B F D A N B V V Z M C J A C Z F D
F R V T T L T H T C O Y X H D M Y V Z Q B O C P
R A N P C O N T R A C C I O N L O N G I T U D H
E I J J G C N G S Z S X F O P Y K J F U W N I H
O Z Q V G I M D K R T A P A I H N Q Y S Z B L C
F M P G X D V H K F D E D N I A V X M T K V A S
P L T S R A M X V V E P D A E T J Y I L M T T T
C T O V T L F D I M F Y F H N V S R R W A A V
Z D L Q G U A T D A D I C O L E V O R T A U C Z
A X S J P Z C S Q L Z H P A W E D D C I E P I Y
U X J Y Q Y D D V N H M V E B M K R R O K X O T
G Q F O J Q M A S A E N E R G I A A A O I O H N N
A E Z Z T M F G W I D L B O M I B N M O K Z T E
T J Z K W H J F T P L E Y T T T L T G U C K I A
N I M R L M I O J B Q V G V M A I M B O J S E B
V Q E T F Z I N O B A U V P M X H H I Y J D M P
E E X K A C J L G Q M P M R C Z L K N F T J P Q
I I H N A Q Q S K R F S X U P J R F X C E K O H
V Z Z P E G K M J K J G G L Z N S V R X R N B R
K H S H N G T N O C C P U K P J D Z U Z M O V Z
K E R J V J I T G C Z U I G E D P P M W K W K G
```

EspacioTiempo **VelocidaLuz** **DilataciónTiempo**
ContracciónLongitud **MasaEnergía** **CuatroVelocidad**
Coordenadas

Teoría de Cuerdas

```
U E H V H Y S O B Z B N U Y I P W W M D J L H I Z
U N K K N K N R H U E M J Z F A Z Y M I M O O V H
O C V U Y V D M F H E G A I B D E X N M R L Z H N
B E A D A R R E C A T R E I B A A D R E U C Q B T
V Z Z Z S C W O S G J S R S R S N I Q N O D V U O
S S Z W T O Z Q U M B M G R C O T R O S M V U G V
P A P V P M P X P I T R E I I Z E G O I Z C S C H
A H T L X P J A E A L D R Q N F J T B O T Y Y Z G
D Q U J S A L W R E L N T H N Q U L H N N S N U X
G F I Z C C X P C B W P B A U V B S T A E H F E C
G V V H V T K Z U Z P F X G V E Q C W D N B Y B D
G J L Q B I I T E O A Y M Y V G K Z J I I E W I G
N J C X B F J G R A V E D A D D E B U C L E S E N
A D U A L I D A D C U E R D A S W C X I K C S M J
J Q X F K C B H A T F R Z G E Y J D T O P V J W V
H G U N F A S S S P A S U P F F L O F N S I Y Y U
Y V A V S C S W C N F P S V X V F T I A J E E A Q
H W G L T I F Y C W A D H U J G X U Z L O I K K E
S N V Y V O E C A B R J I J M G F E C P Q F S F Y
P D K M M N M C E G K V I K F W Z Y M E G Q C P M
Q J Z T Z O H Z X E G M A L B U P Z J T N V Y O W
L H I T I P K X H Y A W U B V E Q G Q A K V S Y F
C Y A W W E U C V O M F O L B X J C B Z R B C S R
M V R J G O X Y D Y S P S L U O U E I S N X Q C L
N K Q L D N D L J T H C S C Q E B T D M G L H B H
```

DimensionAdicional   CuerdaAbiertaCerrada   DualidadCuerdas
GravedadDeBucles   TeoríaM   Supercuerdas
Compactificación

Física Nuclear

```
G L F V J K R E B G S Z O E X J H T R X O C X
Z R A K T Z G A U D L S G O F S X F A A Y U O
S A I I O E O G E K I H H D T E Q I E N W X N
I D N R U O O N V L I U V T T I J Y L Q K X D
P N T I A Z O G W P C B T O U F J V C A K E R
G A E T B D K M B Q I U Z U N I H C U W C Y H
V T R S B J I Q U M O Y N F M R K H N P R U L
X S A T D U T A S M X L Z N J E O L N B G C K
X E C Q I S N U C L E O A T O M I C O N G O L
W O C Y S C R J G T N U J Y I F L I L Q R I
G L I L O G U K T I Q N T F I S B S E E H B
R E O U P O S L T I N V A G I O D U I N C W G
H D N S J C X T S O K E I N A T A K F K U W D
Z O E T N D Y W I U S P A D R O R S Q Y L F N
X M S C U L M Y L S B K N S A X G M D K K S M
R T S L W H R X T A J A U Z C D T B Y Y R E Q
V Q P Q C Z Z C I V Y K T Q X E H O O U W E M
A T Q V C V L F Y J W F V O F I R P U D X I G
A Y F Z V R K J L A G H Z K M X V K G R X O O
K R H I U T C M U U O I O D H I X O L A X A G
W Z F B V E L H R J X T L X U F C F N M A D C
L T P P B I V W P Z Z I O R M S R A N W F B Z
N G B V L K Z F F G F J C Z Q M L T R I J U G
```

NúcleoAtómico   Radiactividad   FisiónNuclear
FusiónNuclear   PartículSubatómica   ModeloEstándar
Interacciones

Termodinámica

```
D D E G C J D T W R D X L P Z M Z T
X W T Y D J Y X V W D I C P K X Y F
I R T P L J Q S I M N U I N W Z O M
C U O U K K K L C X H F C Q M C N M
J S I L R U I W F S V H L J N U U H
H N R Y A D Q L V K S E O L Z V X B
E I A J B C E C A O K B S U C Y U P
C U M N Z Y L C R K M L N Y V W J Z
H O E N E R G I A G N A H E W Q S P
B P L S B D I P U Z Y M L Y Y L A
T S Y U E G R Z M G D T Y J A O Z F
F Y O E N T R O P I A O C L N O I Y
L Q B U R O I J M L Q B R D L U W O
T G T Q E E S F P D S Z F J M R U R
F H J X P C T I B Y G H W X O H H Q
S Q D L O P A Y D G P K D E J W N U
U P U A C S J U I I T O Y O F A I U
D X D G J T Y Y K X P B R K A M R S
```

Entropía   Calor   Energía
Leyes   Ciclo   Entalpía
BoyleMariotte

FísicaCuántica

```
A C I N A C E M X C F Q I X J D G B O M
J T J K J Z N M L Q W I T G S Y M B Z H
Q I J J Z O T R Y U W H B Z T T U A J N
N K C B R H R Q D Z J U P Q B N C I Y Z
O Q I O H L E E D Q B G C H F G I C G W
X R R W C O L U N Z Z Y D I C T Y B G S
O W Q U M W A J Y S V D Q L E Z O Y R
R E O K W L Z G Z A T P K O N B D W V C
B Q N W I U A N D A G T C C N U A R Z K
W D D D D M M H M L V Y E B E V F L Y J
I Q A Q G M I T W U O R E A N S V Z C V
Z D X Y H N E T W C T S P M J L L K L L
A T C H J J N K M I E E W V Y O M Q O I
I M U X L S T N D T X O R N Y J K C M U
E D P R M I O U G R D W P G G V O X S N
C B Y I A G M D W A C U F S B M U J S I
E S G D C B C B Y P U J U A W E H M S D
T G K F R U A H Q Z C Z P G B W X P A K
S U P E R P O S I C I O N U U F W L N H
V O E M E P U L Q Z E I F R I B T L W E
```

Partícula   Onda   Dualidad
Mecánica   Superposición   Entrelazamiento
Incertidumbre

CamposMagnéticos

R	F	N	Q	F	U	E	R	Z	A	Y	Z	U	O
R	E	L	O	G	O	E	P	R	H	S	D	L	Y
Z	Y	E	K	I	P	Y	A	D	A	R	A	F	Z
Y	Y	Z	D	M	C	L	L	J	H	O	A	N	S
I	Y	F	N	A	S	C	G	P	C	X	L	N	V
C	A	Y	D	N	O	H	U	I	U	Z	I	W	M
X	S	V	S	E	X	A	T	D	P	Q	J	P	V
M	P	U	H	S	V	E	C	C	N	D	P	U	K
S	J	N	S	O	N	M	Z	N	I	I	A	F	P
I	A	B	B	G	N	C	E	F	V	M	J	N	A
N	B	A	A	R	S	K	F	Y	P	F	N	M	H
C	S	M	D	A	Y	C	A	E	F	F	S	V	J
T	E	R	R	E	S	T	R	E	A	U	K	I	W
V	J	R	I	K	O	E	B	I	A	G	P	N	G

Imanes   **Magnético**   **Terrestre**
Fuerza   **Ampère**   **Faraday**
Inducción

Mecánica Cuántica

X	X	A	G	Y	S	C	B	Z	E	F	Z	A	H	H	O	M	M	C	U	T	B	T	S	S
S	D	I	I	Y	P	N	T	A	R	U	W	M	M	U	N	Y	S	D	O	P	R	O	J	V
C	K	K	W	Y	F	U	K	L	V	L	N	X	L	B	T	U	L	H	E	D	E	J	M	I
A	L	L	I	H	J	M	P	T	L	B	T	O	N	Y	H	M	I	P	E	B	T	E	O	P
G	K	C	C	W	V	R	E	C	H	X	N	I	U	P	W	N	O	F	G	O	K	U	L	J
D	E	C	O	H	E	R	E	N	C	I	A	C	U	A	N	T	I	C	A	A	A	E	O	T	L
L	S	R	T	P	C	V	H	Z	T	S	N	X	Y	Y	P	N	C	I	H	W	S	M	Z	X
D	E	S	Y	M	P	D	I	Y	T	R	Z	H	T	F	R	P	E	O	E	D	T	A	R	V
S	W	W	G	X	D	B	F	G	Q	W	E	Q	C	D	H	B	M	D	R	J	A	D	W	N
J	I	V	U	F	U	L	N	I	M	G	R	L	I	Q	N	G	C	X	W	I	D	A	K	Z
U	T	Z	A	B	W	F	O	M	Z	B	W	Z	A	X	P	K	B	S	Y	T	O	E	E	E
N	I	O	L	Y	G	I	X	G	T	E	Y	G	J	Z	N	A	K	J	D	Z	C	C	F	B
X	V	W	E	G	U	X	P	Y	G	X	O	C	E	S	A	D	I	X	N	D	U	M	Y	V
K	F	N	N	R	U	I	M	O	Z	J	K	S	J	S	Z	M	P	C	V	B	A	V	W	Q
I	R	Q	U	Y	D	F	I	U	P	K	X	G	M	U	X	L	I	Q	U	A	N	T	U	M
M	Y	P	T	W	Y	V	O	S	J	E	K	K	J	O	W	V	E	E	R	Z	T	B	Y	E
P	O	Q	O	V	Y	R	N	Y	B	S	R	N	G	L	H	R	A	U	N	H	I	R	D	I
L	F	Q	T	U	I	G	W	S	C	Q	X	A	P	K	X	Z	H	S	S	T	C	X	J	G
D	T	L	C	F	M	E	L	K	T	B	D	W	D	H	R	C	L	V	S	T	O	X	K	S
W	A	D	E	C	E	K	I	I	A	W	Y	Z	B	O	L	V	E	T	N	O	U	O	N	T
Q	M	X	F	L	M	U	T	K	E	V	H	O	Z	E	R	R	D	J	M	Q	Y	N	L	Z
T	A	E	E	L	L	R	P	U	J	Y	U	S	M	V	D	E	Z	D	J	U	N	X	L	G
O	U	A	A	V	P	P	M	G	C	S	M	X	U	P	U	R	S	L	U	I	K	H	X	R
N	A	S	N	K	R	P	X	Y	W	I	R	N	Z	P	B	Z	R	H	D	Y	I	W	B	Z
T	Y	K	B	W	Z	Q	P	T	R	N	W	C	I	H	U	I	K	P	Q	K	D	E	V	F

Quantum   **Estadocuántico**   **DecoherenciaCuántica**
Efectotúnel   **Operadores**   **Qubits**
Entrelazamiento

FuerzasPrincipales

X	L	P	Q	I	N	T	E	R	A	C	C	I	O	N	N	U	C	L	E	A	R	D
B	R	I	A	H	Y	T	L	R	E	T	S	X	K	O	T	Y	Q	L	L	V	C	P
Q	C	Y	B	M	L	O	E	K	V	H	V	B	B	O	Z	R	H	D	X	O	S	M
F	X	B	P	E	T	F	C	O	I	T	F	A	B	H	E	M	Z	R	U	A	K	U
H	E	M	L	W	D	M	T	B	G	N	Z	B	V	T	Q	B	Y	A	U	J	B	K
R	A	A	G	R	P	N	R	V	K	R	R	Z	R	Y	P	L	X	B	Y	O	Y	S
E	T	R	E	U	F	N	O	I	C	C	A	R	E	T	N	I	C	E	V	R	A	M
F	J	K	Y	G	X	M	M	I	R	J	K	V	F	S	Y	V	A	C	N	C	P	D
H	T	F	P	E	C	I	A	D	C	V	R	Q	I	K	B	R	H	G	N	N	V	A
G	U	H	B	M	F	O	G	Z	I	C	K	M	Y	T	O	S	X	S	G	M	M	I
O	D	K	N	Q	Z	H	N	T	D	P	A	G	F	G	A	K	E	S	K	C	A	G
H	R	L	W	K	P	L	E	S	I	A	Q	R	Z	I	N	C	O	Z	I	V	A	U
I	N	F	H	W	S	T	T	P	S	K	Y	W	E	A	I	I	V	I	O	U	B
S	A	C	H	J	S	W	I	Z	P	Q	S	W	O	T	X	F	M	O	J	E	Z	G
C	F	U	Z	B	X	T	S	G	X	G	Y	Y	T	A	N	Q	P	E	N	Q	R	K
R	P	J	E	O	W	Z	M	F	E	W	Z	V	R	S	G	I	Z	I	B	A	M	F
Z	L	P	N	Q	D	B	O	S	O	N	E	S	X	R	O	F	C	B	V	B	L	P
D	M	V	P	U	M	U	X	T	Z	H	L	T	O	F	U	Y	K	E	P	O	Q	J
P	S	V	E	J	B	A	F	Q	P	H	Z	F	M	J	U	K	D	O	Q	G	Y	U
O	H	I	F	X	Q	B	H	X	U	S	X	Y	N	G	S	A	A	P	J	S	M	X
H	P	H	W	E	H	S	X	D	R	K	E	X	U	H	D	V	S	F	Y	Q	C	C
N	E	R	N	F	Q	Q	S	O	D	R	Z	Z	H	F	K	U	Z	D	Y	S	U	R
X	I	V	U	X	H	R	K	B	W	J	C	V	H	O	H	J	E	F	W	D	S	E

Gravedad   **Electromagnetismo**   **InteracciónFuerte**
InteracciónDébil   **Gravitacional**   **InteracciónNuclear**
Bosones

Fenóm.Ondulatorios

S	C	R	F	K	R	J	U	J	E	A	B	B	B	W	T	Y	U	P	M	Q
G	P	C	J	Q	X	K	F	L	V	S	F	K	E	R	K	Z	J	W	L	H
E	Z	T	E	Q	Z	S	F	S	N	U	R	J	S	J	R	B	F	B	S	X
C	R	E	W	J	G	D	Y	C	F	M	F	V	M	T	O	W	E	G	R	Q
T	W	O	E	U	S	N	U	W	X	U	I	N	X	F	R	A	G	R	P	Z
J	Y	S	L	X	K	R	A	Y	J	O	F	X	E	W	M	I	J	O	S	J
L	B	C	I	F	C	W	K	N	L	T	L	C	V	J	U	R	G	E	X	A
P	S	I	L	A	I	A	B	Z	V	G	C	H	T	O	L	A	W	Y	M	X
K	H	L	W	K	Y	W	X	K	R	V	A	S	F	G	L	N	F	H	C	M
X	A	A	X	X	E	H	V	D	F	Z	N	P	G	J	O	O	A	M	N	J
Y	Q	C	W	U	H	J	I	Q	P	Y	H	A	C	J	N	I	N	F	I	H
B	A	I	C	N	E	R	E	F	R	E	T	N	I	V	G	C	I	R	J	O
U	Y	O	V	R	O	C	O	P	L	M	P	L	Y	Q	I	A	A	E	E	H
Z	M	N	B	T	F	I	T	Z	S	K	T	K	U	Y	T	T	I	F	Y	U
Q	E	K	Z	P	J	L	C	G	B	A	Z	I	H	O	U	S	A	I	W	J
R	C	W	S	V	T	V	J	C	G	F	U	C	C	P	D	E	Y	S	G	Y
U	K	T	H	F	W	X	P	L	A	N	G	Z	I	U	O	A	S	O	O	E
F	A	I	C	N	A	N	O	S	E	R	U	Y	M	O	N	D	E	H	I	B
T	B	K	C	U	I	Z	Q	D	D	D	F	N	X	T	D	N	R	E	I	P
N	K	N	C	O	A	R	W	N	I	L	S	I	T	T	A	O	J	O	Z	D
N	W	C	X	F	N	A	M	P	L	I	T	U	D	D	C	R	I	G	B	P

Interferencia   **Difracción**   **OndaEstacionaria**
Resonancia   **LongitudOnda**   **Amplitud**
Oscilación

TªRelatividadGeneral

```
V I O P C X K X A G U J E R O N E G R O M D
V L L P N U U H B K P M S D X K Z F M C M X
H X P I U O R F D H C Z X T O U K L U D B B
W F P I D S P V P D E U L L T C T T E G M J
U A C D A D I R A L U G N I S E E X T E P E
G U T M W M B N J T J T G Q A D P X X A Y B
T A E N Y W T E K Z U E U L V A G A H E E I
E L N A Y M X W Z P M R K G N E W O X X W H
H T S A O N E O O M P V A S N Z Y F E L N E
W Q O K T X C Q D X X M I E W E G O R R K P
C L R C Q J H H N C C O R S S A O F A V A E
J J M O G P Y H Q O N G O X Q P I T H W N K
O W E H F H G N F U I B A M Z E A J F C Z T
S C T G G M G H N A M C Y D W V G C A D S E
I R R J A A D I O N W J A Q T P R K I H Y W
A V I Q C O V S C K I F W T M H A U J A L O
U K C L I E C R W K V L R Y I O W H U Y L D
Z E O E R U M H J A A Z L W F V Q B H Y O Q
E H Q S R X I B F S V U I C H L A Q O X P N
E A O A G B P J T M Z A X U Z Y S R P G K K
B O J P S D R H F U V M P I Y F X C G U A Z
Y H Q W A G A L U L I V F D O V C X N K K T
```

CurvaturaEspacial   TensorMétrico   Singularidad
AgujeroNegro   EnergíaOscura   ExpansiónUniverso
Gravitación

Princip.Conservación

```
J M Y Y T X Z B P A Q X E H G H Z J J O E W E
M X Z S M C K Z Q E Q K F L A V H R I G A Q P
X T V K O H D P P D U E Y P A A T Q T U M N I
O C S B M L T T U E D R S N W D J J Y D V V L L
R C D L E O D T Q A J W W F N C P P P Z Y Z T K
H L C A N T I D A D M O V I M I E N T O C J R
N E G F T T S H V L Y E J U D A Y U O A P E A
W F E B O X U J J Y E G N Q U H A M R Z X B O
V A G Y A H X H C T B O F I W U S G S Y K A D
U U P X N C S L E N E R G I A S A X K V A H G
U P D D G Q H C O H S D V X J E M S E M M E Q
T T C N U T N D C C T X L R L V A B R R B P P
J F V Q L C J A O E C P W E I A L A D X Z C M
C Y X F A Y W W R H O B C S B K E U U L L J N
R Y I F R B A R D X P T K A M L D N K R D C V
S H E D Q G J B F Z R Y Q X A D J I O G G E Q
V M O M E N T O L I N E A L G S H R U H F P W
V O G U R G N Z C D E L A P A R I D A D Q J Z
G J F T E I I A V S G M N G L Q F A R U G H I
X S C I X S D A E T O D K K Q N M H W X G D P
S M T L V W D D V B D A C X Y K H X F R I E B
D N Q H J J Z B J V N E J V M Z K T I W D O D
S G H H X T V L Q U E X X P H F F J E M O G F
```

Energía   MomentoLineal   MomentoAngular
CargaEléctrica   DeLaMasa   CantidadMovimiento
DeLaParidad

Termodin.Estadística

```
E J G G Q D K W Z B Q H Y G R J J P Z L Z C
U J M E Q D N W Y G N E X L L L F P I D O I
M S M L Z R B J H Z B W B W R A S C S J D N
W Q V B F B J Y I N O S L Z M J E X U C R E
Q M B I U U J U H L J V E M C S A D H P A T
W N U S A S N V S G Q E D N J E G W I J B I
B C D R B U Y C W B E X E R T Q L M P S O C
G K Z E S I K R I C R V E D T R P I S V A A
J Y B V Z C M S L O A T R S U L O L V S D G
R R G E L K R I U S N A L R L J N P Z E F A
O Y W R U X J H W Q C P H C I Q J V I S I S
G D Y O D Q O T N C A G A B X B Z E N A L E
B O J S J Y P E Q U I P A R T I C I O N X S
V G R E N T R O P I A B O L T Z M A N N L A
B E N C Q Q B O Q A K S O K J I G A T V I Y
U R W O M J I G B F G D N L X H C O E V S F
U E N R D B X O C H W F Y W E P R I K U Q C
Z Q F P X V Z D K Q F X J D T L P Z O U B T
D B Q R Z L M O T H B L A J W J W N U N H J
N Z T Q S Y T V R Y I R M H B H W J R I Y C
P S J M M N R R T B G D W E J H W W Q M V R
M X A G U Q X Z W B G J U G E Q Y E C W P N
```

Entropía   Equipartición   GasIdeal
EntropíaBoltzmann ProcesoReversible FunciónPartición
CinéticaGases

Física de Partículas

```
L W C G F L P Y U S C D G E Z F X A J
F Y F R M M B T Q Z Q Q R S J X V B N
T J L D O S K K M G M H W E K T J C E
X L P K D M E B H D R Q A R O R A X E
G B Q J E A O Q I G Q Q O O O I A T Q
R Y V C L A T D U G U T P D S W X U I
D E F B O U C L I X R N Z A E L C K Q
Q H O R E L E P J N B D N R B Y Z S L
C L N E S P I L V P A G F E E S R G K
W P G Z T T D S S T Z M N L G C O T B
J Q V O A K K G I K Y U I E S W V D V
J V N O N V L W T O W V F C M F N J P
Q E N N D F S V Y I N I X A A L S X O
S K R J A O T Q J P O E F A Q I L F P
R W E P R M L P E V S H S F P F D K H
X Z K Q Q O E X A K O H Q J H F A K D
M V O X I X Y D P L B P M P E E D C B
T V M O P H N I Z H B Q X Q O W I Q U
K L V V B M F D X D H N E Y U H K V O
```

Quarks   Leptones   BosónWyZ
Cromodinámica   ModeloEstándar Aceleradores
Colisiones

Ecuaciones Maxwell

```
L L L Y Z T A D L I V N G O T L Z L Y S T X
B A E N X F V B L N F O C C L E J U U J K I
J K Y Y I R E H E E M E H D A P U I F R F I
W A G M G T J V W S J C F B P B J K Y F E X
B O A Y V A T D X H G U N R L M R X V B G J
T Y U Q M M U X A V V A O K G K O Z U J R M
G I S J V M W S M O P C W J L M Q Z L Y O Q
W K S G T J G P S Z E I G P S Q V L G U B W
O U M J A B K K E E Y O V I K J E W J K T S
F N A L V F Q T Y P L N T J F W I E I W M N
P S G B I D H C E P Y E W T X K T Y I D U U
W V N D W U R D L V N S C A H E S W V K V B
T W E W U V R F J G X D M T W S K B X D B C
C H T B M V Y R A V I E V T R R A G V C T J
U Y I S A H Z M S R R O U C G I Z N N L T H
D U C U D U O G L E A N B I M D C Y B E T A
H R O O E R N D P W Y D M A Q V H O G A S Y
J Z U Y T R O M A V W A A D Y J G P X A W W
N D C C S S A N W V M V S Y M B Y R W Z S O
U N E L J J N R P R N L H D R V W F V A D P
H L C R Z L J K K J K C V I P I D B Z Y L M
E Q A A D O J D U X U J S K I Y V T K E R X
```

LeyGaussElectrico   Faraday   LeyGaussMagnético
AmpèreMaxwell   EcuacionesDeOnda   LeyesMaxwell
Electromagnetismo

F.Nuclear Aplicada

```
Z Z K X W G N Q I Z D I E E G L P Y G A F
J Y A F A G U N S Y K S L O M R K U W X I
F G M X Y B P Q C B G D F I C V N K B F R
R R I B R L J V L E L P E C X N F Q A R D
L Z K E U U K O J U W W U I Y M N L D R T
W L P I C P E H J Q B H V D P O A R A S P
I Y Z F U S I O N C O N T R O L A D A V I
A M K K H F P N R P C L I E D Z I J T H C
R H Q H A F C U I E P R O P K O L D A K U
B Y M B I W L T H C A W Q S M X P Y N X K
N I M C G O T L D C D C E E K M Y C H H G
J N E M O E E M U D L X T D F X R V L M R
Y D C Y L E O Q L H Y R E O A Y L D N H W
Z V Q K O I J R A D I O T E R A P I A L E
N W K H N G D A L C X M R Y B E A V N V Y
Q V F O C S P S A Y O D U D G E S W N R D
M Z G M E D I C I N A Y L S X T P Z S J G
C L N P T J C H K P C W V O H C V V W R E
Y Z M Q S I O V L M G B M S Q Z A P O R R
Q F K I G J B T R I B S V V N W O M P A O
V A R Y W O H K X D H O I R L N Q C W X O
```

Medicina   Reactores   Radiométrica
Radioterapia   Desperdicio   FusiónControlada
Tecnología

Fluidodinámica

```
B D N P Z W L L Q S Q D A T L J J I A T F R
L D I F D Q C F B P M B X H S G J N M V L F
A A G L F B N Y G D L I U J J W G O U S C I
N D X U S L Z F N E Z K R I K E L B N U G J
O I E J K I D B N D T B N A G X Q F D C J X
I C L O P B M U J R Y T S P X J L Z N V G V
C I R L K U V M Q W M E F G A V L H S J K J
A T R A U R N L X M G Y K J A X Y O E J H S
T S A M W O V L M U P D L N V P P J S M O B
U A C I M A N I D O R D I H U Z M C F V R Y
P L H N E N J R H O B K Y L O G T L B M U X
M E Y A V T K X E E Y U K Y G F L C Z F E I
O O Y R T P I R H B X L E Q D I T G X A J I
C C Y U T E S M M U N C K M R U F P R Y O B
T S K Q Q Y G O I V R O P Z V N H B R I D H
M I P B F L R R H L R F I E R O C Q S O A V
B V B M P X Y A A M A V R C U V S F W L S D
J I I L F V Y B S U Q P X E A U W X Z I E X
A P F R A V G L R H P R A A P U W M R P R M
N X Q I I L L V B K Y H V C X Q C B G T P E
Y O F L U J O T U R B U L E N T O E Z O T P
Q E U N N B L L G W W O L D A L S R L P Z G
```

FlujoLaminar   FlujoTurbulento   EcuaciónBernoulli
Viscoelasticidad   Computacional   Hidrodinámica
CapaLímite

Información Cuántica

```
V O V N N E A G Q H Q X N K E B K W E H B S M
C Z O P J O Z G M B J H X A Y Y X Q O E S E S
F J D A A Z I P O H R N L X R F H F B Q O M L
U A O H G L F C W M M L Y Y R F E Q Z U C M T
R U K H U Q T T A I F K Z J H A E E V X I X O
Y C V A L F F L C N O K M G S N V T J H T P G
P I M T F U E Q H Z O Q U T Z S D I H H N D S
Z E K I P M G S Y W B L H O T X W H W N A J U
X A C D D E C O D I F I C A C I O N W O U M T
A N G C C E C U K D H Q C O T Q L H O H C L O
E Y T E L E P O R T A C I O N K C Y A Q S D S
T W A M Q C D F B T C Z J F O A D H I V O K Z
J P C R N T S R S A M T T Y W G M B F O D I W
P D H K O T L T T D O V S V S R T E A B A B M
R Y K C W O O Q C K S K G I N D O U R V T I I
R N C Z D P G T Y N D P T S O O G N G O S V L
C W C T L S Q T O S Y P T W E N Z A O Z E Z D
K J Y O L W K P I V V J D C L S S A T H A T L
K H M C C I U L O W V K N U Y C C T P P V H O
S K I N U K I V U H A P G P C S L T I N X A L
Q Q Y L F A O Y M R W S D T N U K L R B Y P N
F I R A N L V A L G O R I T M O S V C R U D K
G P W T W I C D A F S N A H H Z Q Y B V O Q X
```

Qubits   Teleportación   Criptografía
Algoritmos   EstadosCuánticos   Decodificación
TeoremaNoClonación

Campos

N	J	E	M	B	F	M	J	S	X	P	A	F	X
K	U	Y	R	W	K	A	V	W	B	C	T	I	S
L	D	N	J	T	I	G	R	X	C	U	I	D	B
Q	S	G	N	O	S	N	Y	A	E	N	U	Y	J
C	E	R	F	M	L	E	K	H	D	K	K	D	D
X	H	B	G	V	J	T	R	U	O	A	A	E	A
L	L	F	F	H	Z	I	C	R	D	Y	Y	X	R
U	U	A	X	F	M	C	H	H	E	A	R	Q	N
N	G	Z	P	A	I	O	C	R	U	T	O	D	Q
P	M	R	N	O	A	N	E	J	Y	K	W	B	Z
B	Z	E	N	J	R	P	X	S	H	A	R	A	W
P	S	U	H	U	M	M	W	N	B	Z	M	N	E
P	E	F	Q	A	H	P	Y	M	O	B	N	G	V
R	A	A	B	L	O	Z	N	E	D	D	U	Z	V

Imanes   Magnético   Terrestre
Fuerza   Ampère   Faraday
Inducción

Electricidad

A	H	H	M	M	E	A	D	W	X	F	W	Z	L	B	H	C	A
A	F	T	T	B	B	B	R	J	T	R	T	Z	I	W	X	U	A
J	T	G	B	P	A	I	E	R	M	V	B	J	D	I	Z	F	Q
Z	E	D	G	B	G	G	O	G	T	X	O	L	C	V	C	E	A
Y	Y	I	H	E	L	E	C	T	R	O	M	O	T	R	I	Z	X
D	L	K	C	H	U	Y	Y	N	S	A	X	S	V	F	Z	O	O
T	R	S	P	O	T	E	N	C	I	A	L	D	X	J	B	H	B
S	B	V	V	G	R	A	R	Z	T	E	V	C	B	X	I	F	U
Y	C	G	E	T	L	R	V	P	G	T	A	A	U	H	A	C	Y
R	R	O	I	T	R	U	I	G	C	W	M	M	R	M	V	T	N
R	T	K	U	F	H	L	W	E	L	A	O	P	H	T	S	A	W
M	T	H	J	L	P	V	J	B	N	H	O	O	L	S	I	Z	D
T	M	F	S	H	O	S	R	N	N	T	E	B	N	A	U	A	P
L	B	B	W	A	M	M	O	N	S	G	E	R	H	L	U	K	U
C	Z	E	X	D	C	A	B	U	D	V	G	E	B	C	A	M	Y
C	Q	U	W	W	D	T	U	G	R	N	B	V	K	D	Y	V	H
N	T	G	Q	S	K	B	V	D	E	L	D	F	A	P	P	R	Y
R	U	A	E	W	F	L	O	A	J	L	A	D	Z	B	L	Q	A

Coulomb   Potencial   Corriente
Ohm   Electromotriz   BiotSavart
Campo

Ondas

M	Q	N	R	U	O	Q	K	X	P	I	T	W	U	K
G	X	B	B	I	J	Z	P	P	P	J	E	M	A	X
W	S	A	D	N	O	O	R	C	I	M	C	M	C	E
A	E	K	S	F	F	Z	W	F	J	T	M	O	V	S
E	B	F	R	R	C	T	X	H	D	A	I	Z	C	P
P	R	Q	H	A	H	B	R	G	G	P	A	V	R	E
U	D	M	S	R	L	A	S	V	H	O	W	O	T	C
F	J	D	A	R	Y	X	L	D	R	H	P	B	N	T
E	Y	O	Q	O	W	V	V	U	N	G	M	T	L	R
S	D	B	S	J	O	U	P	T	Z	S	A	S	V	O
K	L	R	R	O	T	G	S	K	A	J	V	J	Q	R
J	R	A	D	I	A	C	I	O	N	L	U	K	Q	U
X	U	F	N	S	P	S	E	E	P	H	N	O	K	C
S	M	S	B	G	K	U	M	X	R	W	W	C	R	N
H	G	A	F	O	D	F	X	N	A	I	J	Q	F	A

Espectro   Radiación   Microondas
Infrarrojo   Luz   Rayos
Gamma

Relatividad

N	G	V	D	O	Y	D	O	E	W	Z	Z	M	M	J	F
F	Z	A	I	J	P	X	N	V	V	A	S	F	S	X	G
I	N	P	D	J	V	S	K	J	V	W	Y	E	Y	M	O
D	O	Y	V	I	A	J	E	I	P	I	L	F	S	U	I
A	I	B	P	H	H	P	S	K	W	V	X	G	P	Q	T
K	C	L	H	Y	D	Z	P	M	I	D	B	X	U	J	B
V	C	S	A	D	R	Z	A	Q	A	N	Z	H	R	C	G
F	A	N	A	T	S	S	C	D	G	H	R	H	R	L	Z
O	R	I	L	P	A	N	I	G	E	W	C	V	Y	H	S
G	T	D	N	F	G	C	O	J	Y	Z	B	C	Q	E	S
B	N	F	B	W	O	K	I	R	O	S	E	R	Y	P	R
X	O	M	L	L	A	R	X	O	T	W	N	L	E	U	M
A	C	T	E	C	B	R	L	J	N	A	J	D	U	M	N
C	K	V	S	J	I	J	M	G	T	A	U	T	Z	Q	K
K	P	W	S	D	G	I	S	T	D	M	T	C	U	F	U
P	Z	O	F	Z	L	B	P	V	A	N	D	G	P	L	Q

Espacio   Velocidad   Dilatación
Contracción   Masa   Cuatro
Viaje

Teoría Cuerdas

```
O X C I J H K P P T G V V P F B B O Y P F
P T S Y S E N O I S N E M I D N C F M O K
J X Y D Z Z P J I N O A K R S I T X D G W
I K U R N M A I R O E T U U F O E M I R O
U W M U E N I D F I M T Z P S Q V O O W P
R Z H Y H R D F U C J E V Z Y N M R N A G
Z A J Z X I W S S A I O J I M Q U H O B X
I W G L N Z M L K C L R S W Z G E J G P Q
Y X N Z P W T A J I Q I Y N R F S V C U F
O E G T Z K Q S R F T A D A M R Z G Q A A
C O M D X E K X M I G X V A Y L V G J U T
V U K K E C L I W T A E X C D Y W E A L P
A U E J X C G H M C D O Y J C I F A F Z X
L T O R N X N G G A P U F W Z W F O N F A
J N G K D M P B D P K Z Y A S N K X E G Q
D W Y W J A L Q S M C X R D A Z P L Z D H
U S T X B I S K O O H X Q O J X H X Y Z Y
Z T Q Y N Z S K S C R U E J F M R X O Z T
U K O N D V E B D R T D R X U L F O U Q N
Q F W Z Y N D Q M E O O E T O M U P F Y C
D N Z E J B O W M K W O U U J G A A X Y F
```

Dimensiones   **Cuerdas**   **Dualidad**
Gravedad   **Teoría**   **TeoríaM**
Compactificación

Mecánica

```
M A Q U I N A S I G L C Y Q T
Z O L Z X O D C Y E B C E Q E
L U C P H P D N T V S Y L V U
D J Y I Z E W R Q L Y R H Q O
O E E T S S E B U P U M N L Y
H T M U Q Y N W J O G B Q L E
X A N B A N O X C J N E I K D
L E Y E S I I N A A R A Z P B
P Q W A I B C G R B A E R T Q
Q I B U I M C N M A B F O A M
W Y X H T G I K E R G R Y P I
Z K O Z W F R V R T C E O T E
K L K P X A F E O D O O N C K
W X T M T G Y H N M O P I G A
C Z P B C N J H H E A K I B Z
```

Movimiento   **Leyes**   **Fricción**
Trabajo   **Energía** **Potencia**
Máquinas

Óptica y Luz

```
B K A M K P F F E U Y F H W C P S E F W L
T U W M F C L P H G L D U V E F K D M M I
L I V K P F V O Y G D G U E V Y M I G T Z
J U O Q X R H L X R C T X W E G W P U E T
D J Z Q V Q R A F P I V L N S E S N O C P
N A N M W N D R R F D N Z E R W G G P H Q
V S I B O R L I V N U X W S P R H M T Y D
D W P F E N C Z D M Z Z M D N V K O I Z F
I N X H A P O A B F S P Q M T M M Q C E R
Z B P Z G R M C W M A X I X E N O M A X H
V X L B L L G I R R B D D S T A D S A R Y
R P I L Z M Z O Y O X M P A O N I Y D P N
K P I Y Y K I N L K M E Z J O T F L A H X
K B I J Y O V B F O C A F F N W R N P M E
J F G T P D S H D T H F T X Y Y A E T U D
W A D S V F I B R A O P T I C A C M A X M
F W E R H H B O N E N Y N A C Z C H T P X
M H I F Q Q B B W Y Y O C L S A I F I E C
G A N I O T C D F G L R E R Y Q O C V C O
S C Q X U T I J G S K T V P L R N J A E K
T T X G P U X J A O R H K U X O T W C O S
```

Difracción   **Espectro**   **FibraÓptica**
Polarización **LuzMonocromática** **ÓpticaAdaptativa**
Holografía

Mecánica Clásica

```
O X P L B I D A U K U J F W I K I C H Y D D
D Y K Q M R O R Y A H Y A I L B J X M E M E
A F X U U H R X U R C F P C T N E C I Z O L
J O Q E U D J L V P B W A Q I N U L A L M A
E X G F K C W O G R F C I N E M A T I C A G
I O J N G L R A Z I Q P S R W F A N R A R F
O K I X O E C C H N D O G J D R B N W G O Y
B U J E A U K Z W C Q I U T Y X V M I C S F
B N G B T P X F C I A R N W D M U L C D H M
V N O L I A I F N P X P A I V P S S I V G O
C J B I M R S P O I D A P I X M J H N K R W
R R B J C X T T T O J V T Y R O X Q L S Z C
H J G W V A E N W D K H J O D B Y N K D H X
E P H C G N V I E E M F N V Y A N F W P E I
P J Y U C F Z R N P D N P R U W C F D A A W
V X O I E K Y I E A R E G C Z B F K E I B R
Y H A J K M M M D S Y Z K A D H D U O K F R
O L P S A L D E S C N M N P J L Q I G O H M
U K F Y Z E P A E A J O X A Y R S V C T V O
M A M U N W Y Q Y L T Q C U O W C O U G T R
F K N P V M F Z E W I H N T F R H Y S C X B
T O X P W Z X V L W S H C Z Y D R A E K Y V
```

PrincipioDePascal **Dinámica**   **Conservación**
Torque   **LeyesDeNewton** **Cinemática**
EnergíaPotencial

Física de Plasmas

```
J J E E P D U R P E Q N A W J I D Z G J Y I V Q W
R W F E U C F Y I J E D O X L F C P E J P W E D N
S B D U Q W F V T L X T A Z S Y L J T M C D Y K V
N Y K O S P P J H F K X J R D Y R O Y N A Z V Y
E G Y B T I U J Z E C E B Y A P S G A K W W N I V
T Z L T H N O X X S D I W G A K V V C U O W X M V
D M Q Q Z E E N H N Q Q C R X C J K I P Q X I B V
T Q N Y E J G I N W L B T G L Q K C M Z U G W P O
T S R Y A B F R M U U I B Z W Y C I A I E L L Z A
R Z O Y Z E L K R A C T O V M T V Z N V N D T N J
S A T H Q O P N F U N L S S Y X D L I D C J A V T
L Y C T S X T I L Y J I E U P X Y Y D T H Q N Z T
H C T O K A M A K Z M W F A C A V C O X I E I O P
D M O Z S W C N T E G H M N R A W Q R B N I A V N
E Y M H M A Y Q D X C S I F O Y K H D R G L Z M M
I L O Z R P F F B B A B W Z H C J C I F W Y F C Q
V M E G U X H M M L E Q X N U I O I H T M U M B E
X Z A S X F M W P J Y I E F L J O Z O W P E E M K
P D W I A Z P G A X O E V L Z K D K T P S J D Q U
A I F O T Q F U L F K E L Y P Z Z F E J M U J W P
F H I D M C Z T V K B O R X H J B T N W T B V C V
U T Z E A L W C E C Z E E Q Z Z G K G O F H D V L
G R C N L O D P K Y Z L J R S U V D A Z M Q K F Z
R F R U H B M W P T T R R X Y M J C M W B Y W I D
V X U I Z W S I T T Q G S B N E R N B B K E K I R
```

Magnetohidrodinámica Plasma FusiónNuclear
Tokamak Quenching Confinamiento
PartículaCargada

Radiact.Desintegración

```
E F H I F Y S O T Y I G W C L I L Q S R B M G
G B X P S I P E Z M K B D I M Z R F B T P E P
V F Z B L O V F O X X J G X D B I H W J Y G R
U P W D A J T J L M V M F Z X K E X A Q D G C
U L S C D V U O J B G V Z F T B E T J R L L O
K L K O A T E W P O P X L Y G S D Q H A I W E N
K T F W B R B F V O L U G O G Q H D G S T K S
X X R V J I I N I B R G A H Q O I O E G G Y T
Q Y A J K D M T I N C A X Z U A R A C I C V A
P U W P V F E Z W K W W D V C D M G P Q H R N
G T I R B M V Q L A I X X I D M G A H L V I T
S A W S Z Q C I P H Z M O Q A W A G G R F R E
S R T V O Q D Q E D C N C G Z C X V E X R J S
O A B X Y W G L O H I Q D O L T T C T K I F N
N S E A V M X T Z O B E J C P H R I S Z Z Q X
C H P W X M X H N Z M Z V E P L H X V V A I V
V I D A M E D I A Z J X J O J B Q P E O R Y Y
M R W X V X Z F F R N R W A O B T U L A Q V G
U B V E I A Y Q L I Q F B H I V I C Y B N O N
V D U Y N I N W A S P T C P B D S F H O X E E
R Q G T G U G I Q G C F Q X G B Y H N Z E H T
Y Y E X A J F T B N M W P U S V R W W M Y W W
O Q L K A X F T I J A O V V E D V F Y G A N N
```

Alfa Beta Gamma
Isótoporadiactivo VidaMedia Constante
RadiaciónIonizante

Campos Cuánticos

```
X D Z H F R Q O M C K T U U A I U L I Z N
G K C G D Z J C P V Y O B T P T D O H L O
H J J O S Z D U R R C S E D L Q J E W E I
L U M S L Y E A G Z R O W G Z R O U N Q C
E X B O S C H N D B E Q J W O V A A L T A
G E B T J N X T C Q B F P G Z G F J J S Z
U D X O X T K I A G Y X Z Z P E W I P R I
A W K U S M S C M Y O I G P Q Y Z R K Y T
G J Z J T O F A P S N F I B Z R G C F C N
A Y L R V Q N D O Z B L E E U N N H V G A
I A Q P N P D E E J K M V R D R P Z R D U
R B N L N W Z C S Q S F F K M J N U P F C
T N Z J F E A A C G T L U L Y I N J A D J
E D P C L E B M A Y A W G W N B O Y T T E
M H V W H O K P L B H U Q W G J D N D J S
I M P C A I Q O A O Q I G Y Y B M T E V B
S P M N M B X S R V X O T E J H C K P S L
P B H K Z R F I I T A V Q G A B H T R Z Q
I P K N H S S S R E R I B I H V E P J I J
C P E M O D E L O E S T A N D A R M X T Y
I G Y F S Q I A V F J O V R K C H R X K P
```

Cuantización BosonesGauge Fermiones
CuánticaDeCampos CampoEscalar SimetríaGauge
ModeloEstándar

Física Experimental

```
L Q T V E U W Y W O G E V E N I R A L P T
Z D Z A R W K F D Z O L G R Q W C T A A S
U R R L D A D I L I B I C U D O R P E R R
F K N I O I T D X Q S N I A E I F Y D Q L
G Z C D P N A S J X A Q J C Z S S G F X W
H B K A E X P E R I M E N T O E Y E N B F
I O D C F A Z L C I V L D O A J O N G R
V D P I J M E B Z S T O P Z Z A I V A O W
Y H J O S U S A G H M P U X I C C C C X F
Q J M N Y O N I G F D W H M A K P B Q C G
P D O X V P T R L Y X X W T O O I V U R V
P K N U C M J A M B N A R P X D J K H Y
I E N F U Q Y V D I R E I R D Z V Y R V U
D H T S E D N L G S M G A W Q K R C U T Z
Y K I S I D V O K U I L Q S S M N G I P G
E B H E Y K C R R E U S F H A Q K R X D R
Z S Q X C X O T N I P P I J Z B O M Y O T
O B T A X M S N H F U D C L H Q U J S J W
E K H K K N O R N K X U A A N S A J A T
G V R S I G X C W X G U V A N N S W Z N E
J A Z A I X L S E K Q E I Z Z O A U K J G
```

Experimento Diseño ControlVariables
Instrumentación AnálisisDatos Validación
Reproducibilidad

Fuerzas.Naturaleza

S	Z	K	K	Z	Y	Q	L	Q	S	D	M	Q	Z	N	K	G	S	O	S	I
E	T	R	E	U	F	R	A	E	L	C	U	N	P	A	S	O	M	J	H	W
E	N	Y	V	Q	L	N	J	F	J	S	G	J	V	E	J	S	C	X	E	S
D	U	N	D	H	W	O	H	H	S	E	F	B	N	G	B	K	R	Q	V	Z
E	H	S	A	X	V	S	J	L	I	L	V	O	E	E	X	K	W	Z	O	T
P	X	L	B	H	L	Z	J	U	U	E	I	L	I	C	R	G	G	L	H	B
S	A	X	U	P	Y	A	P	A	S	C	W	I	J	Q	W	H	L	A	K	F
Q	N	C	W	R	H	L	Y	D	C	T	T	B	I	X	H	I	A	N	N	X
N	E	G	U	A	G	E	D	A	I	R	O	E	T	Y	A	M	A	O	D	F
B	C	M	B	C	Z	P	R	L	F	O	Z	D	A	L	L	S	I	I	C	H
Q	K	E	Z	C	V	E	K	D	I	M	U	R	I	U	L	Z	A	C	D	N
T	F	L	Y	E	T	D	D	E	E	A	R	A	K	B	S	F	N	A	P	D
Q	K	D	L	N	P	H	A	O	Y	G	Q	E	G	A	O	Q	G	T	J	G
E	B	V	I	Q	H	A	M	Z	X	N	X	L	R	W	D	S	A	I	M	M
O	G	I	M	H	J	G	C	H	I	E	X	C	O	Q	Q	X	D	V	F	C
K	L	T	L	T	O	A	Z	P	S	T	P	U	A	A	S	A	I	A	S	G
Z	A	C	A	Z	E	Y	H	O	K	I	E	N	N	L	J	O	T	R	C	F
Z	D	R	R	B	M	O	L	U	O	C	E	D	Y	E	L	X	C	G	P	E
I	D	Y	B	B	T	E	H	V	R	A	J	M	N	S	B	W	G	Z	F	C
N	J	M	H	Q	U	A	C	R	J	T	S	X	Q	G	L	O	U	F	F	P
Y	V	Y	D	C	R	I	M	U	T	F	H	K	R	B	V	W	Y	I	O	J

NuclearFuerte **NuclearDébil** **Electromagnética**
Gravitacional **Interacciones** **LeyDeCoulomb**
TeoríaDeGauge

Efectos Cuánticos

P	O	T	N	E	I	M	A	Z	A	L	E	R	T	N	E	R	M	I	B	P
Y	A	O	D	E	N	J	D	B	E	B	O	F	X	L	X	L	O	U	C	M
N	P	I	F	G	Y	S	L	U	E	B	E	S	N	H	E	R	X	Z	O	K
G	V	Z	C	E	F	E	C	T	O	C	A	S	I	M	I	R	L	I	U	I
H	N	D	Z	N	W	R	N	T	D	R	G	D	W	T	V	K	C	W	T	W
C	V	B	X	T	E	P	O	S	J	A	C	A	W	A	O	O	A	P	N	K
C	H	R	A	R	C	R	L	J	G	U	E	U	B	G	E	C	H	Z	L	Z
B	E	T	U	O	H	K	E	D	L	K	Y	A	B	B	H	B	A	V	X	G
E	A	S	O	P	T	I	C	H	C	R	L	P	Q	I	R	U	R	A	F	A
I	O	A	T	I	J	Q	P	X	O	Z	F	L	T	Z	Y	R	O	O	G	V
M	A	V	C	A	U	D	D	F	O	C	L	X	W	A	F	O	N	E	N	F
H	B	I	Z	C	D	S	X	X	J	P	E	Y	O	F	Y	B	O	D	U	I
C	U	H	Q	U	W	O	G	R	X	W	N	D	B	S	D	O	V	L	X	F
Y	C	V	T	A	Z	S	C	U	H	G	U	J	C	L	U	F	B	C	Q	G
I	L	H	U	N	Y	O	J	U	J	O	T	T	D	I	L	R	O	N	I	C
U	G	Z	E	T	S	C	M	C	A	V	Q	K	Q	W	D	Q	H	W	P	Z
D	A	T	E	I	O	P	D	R	G	N	T	L	U	I	I	N	M	I	M	D
J	P	Q	I	C	A	X	N	H	L	T	T	D	Q	L	A	C	I	O	O	Q
O	H	M	J	A	M	Y	A	W	B	J	M	I	U	Y	N	M	D	C	Q	I
K	Z	J	I	Q	D	K	U	M	N	H	U	C	C	U	Y	N	W	B	Q	C
J	B	U	H	F	Q	Z	P	O	E	Q	K	L	R	O	L	V	J	R	Z	I

Túnel **AharonovBohm** **Entrelazamiento**
Decoherencia **EfectoCasimir** **EntropíaCuántica**
EstadoCuántico

Dinámica de Fluidos

N	Y	I	F	B	Y	P	N	D	X	M	I	Q	U	J	G	F	O	J	M	S	Y	M
J	N	K	R	T	W	B	A	D	L	W	M	W	W	Z	Y	E	Z	F	D	Q	B	E
K	A	P	V	O	F	C	A	P	A	L	I	M	I	T	E	Y	Z	Q	X	C	H	Y
V	C	N	P	O	L	W	T	B	Z	Q	I	B	K	W	X	A	E	M	J	I	R	D
D	B	K	X	S	U	A	Q	C	V	Q	B	K	N	R	N	L	W	C	K	U	U	R
F	F	B	A	P	J	I	C	R	I	I	X	F	H	K	M	F	G	J	C	N	I	A
B	T	X	V	S	O	F	E	A	J	C	S	V	E	J	C	A	A	Q	B	N	D	G
S	L	Z	P	A	T	X	V	Z	I	D	T	A	E	E	V	E	P	M	J	A	R	I
H	Y	H	V	K	U	V	I	T	H	C	B	T	O	C	K	H	O	M	D	J	A	X
L	P	I	V	C	R	V	R	J	M	C	N	C	J	U	E	U	C	I	G	Y	A	Z
Q	O	D	Q	A	B	V	I	A	F	Y	L	E	C	P	K	M	S	Y	W	I	T	K
I	S	R	S	P	U	F	Y	M	N	F	F	C	R	F	A	O	L	I	Z	T	N	A
M	S	O	A	P	L	S	E	G	S	I	B	V	K	E	C	P	K	J	A	G	F	R
H	G	D	W	M	E	H	E	S	L	C	M	T	I	S	F	R	M	F	J	S	V	N
I	A	I	N	S	N	A	I	D	X	Y	M	A	I	D	H	S	Z	G	L	R	T	E
H	L	N	T	U	T	Q	W	M	X	V	D	V	L	M	F	G	N	O	P	S	Q	A
T	M	A	B	O	O	E	S	F	C	Z	K	D	D	O	K	Y	X	A	B	S	E	L
V	P	M	T	M	L	Y	Q	G	T	J	S	I	J	P	J	X	L	X	R	L	P	Z
S	G	I	B	F	A	Y	U	Q	P	Y	U	G	S	X	Y	U	H	H	I	T	M	T
P	F	C	O	H	P	R	Y	M	N	P	Z	A	Q	O	Y	W	L	T	B	H	X	C
M	N	A	V	I	E	R	S	T	O	K	E	S	F	J	F	T	K	F	G	E	A	J
P	D	F	A	R	P	A	L	V	R	D	U	I	R	F	O	P	A	F	F	W	U	A
V	Z	F	N	M	Q	U	K	Z	I	B	E	R	W	L	E	G	S	T	W	O	F	N

FlujoLaminar **FlujoTurbulento** **NavierStokes**
Viscosidad **Hidrodinámica** **TransferenciaCalor**
CapaLímite

Física Estadística

O	Z	C	H	A	J	O	S	L	F	N	U	W	C	L	N	X	Y	U	A	T
Q	Z	Y	U	Z	G	S	U	Q	U	S	N	E	K	N	C	J	Z	Q	Q	F
E	I	C	R	I	U	R	D	H	G	N	X	J	U	T	R	A	Z	K	W	U
O	G	V	F	Y	I	T	E	G	A	O	V	C	Z	G	I	W	B	Y	H	D
V	S	Y	O	J	S	Y	E	M	C	C	R	E	C	P	A	L	U	K	B	X
T	F	L	V	E	K	W	Z	R	I	I	Y	H	O	S	L	K	E	E	I	U
B	B	I	M	R	G	T	C	U	M	N	K	R	R	H	Y	X	Q	F	P	I
J	S	U	Q	F	L	R	F	B	P	O	T	G	X	N	J	I	U	X	O	O
R	S	Z	C	O	A	L	G	V	Z	N	D	M	S	O	K	T	I	A	P	B
M	V	W	B	M	N	K	Q	Y	E	A	I	I	E	J	T	H	P	X	R	W
H	N	D	A	M	Q	R	M	V	R	C	P	I	N	C	V	F	A	A	O	O
H	W	C	J	P	P	Q	T	W	L	E	L	K	A	A	A	E	R	Y	Y	E
G	K	M	J	A	Y	K	Q	U	S	L	M	P	M	H	M	N	T	K	L	G
X	Q	O	B	E	U	K	K	O	K	B	W	O	V	Q	U	I	L	C	N	
R	R	X	O	W	J	R	R	L	Q	M	U	Y	P	I	E	C	C	S	G	
O	J	X	K	C	G	R	V	W	H	E	D	L	B	X	S	Z	I	A	A	U
K	X	F	C	Z	G	D	M	U	L	S	F	S	F	S	S	I	O	N	G	K
N	N	I	V	G	T	Y	M	V	I	N	C	I	B	B	V	K	N	S	B	Q
X	A	M	I	Q	C	C	X	Z	D	E	A	P	P	U	U	S	C	G	T	P
Y	D	U	E	L	B	Y	P	V	T	S	M	Z	W	O	H	I	M	C	P	V
H	S	J	F	J	Y	W	S	Z	D	L	H	F	P	F	B	B	A	E	L	X

Mecánica **Termodinámica** **Entropía**
Boltzmann **Ising** **EnsembleCanónico**
Equipartición

Óptica Moderna

```
W T W G Z A J F L V E E C K Y Q D Q C D
H S P B N L M M G B A T E G G V H F K A
Q H S H B J N H V Q H R P H G H X O Q B
A I V Y Y L O N P K B B J X M N Y T D X
Q O E D R C P K C F M S K G J P W T Z B
R M Q W B S T O I W P N U H D D C B A I
O I L O W B O L T H P M D N K P P P S O
O S M C L Z E R P M C J O Z F I E A C M
Q V A W M N L Y T E G C Q G S S M A I R
V N F I T L E I O E G W Y B P P C Z U D
Q G W E F T C F D D M H N T Q F M Q T E
I V S L S A T F O P P O S D V S G O K X
T W I K G D R Z I Y P O R T C E P S E E
Q D Z J X R O G D T N J O E M F E D Z C
V H K R N X N L O O K V A W F Z P F W R
M F Y A W U I D T L E Q J M T R C S M I
D I F R A C C I O N O P Y E E V E T D W
Q M G O X H A O F L E H F J I N I T O Q
X K J X T G K A O S Q H J R G V L O N S
S H N D F N N J X V X N A T J F K Z X I
```

Difracción   Espectro   Lentes
Holografía   Optoelectrónica   Fotodiodo
Interferómetro

Cinemática Avanzada

```
T B F J V P U C R I W E D Y E A W U O G S K O
I P H M E P S U J A G V O S D M I P F H L C G
Q P M W L X L Z E T L W S F S R T J M S C A G
K T P D O X Q H O B T U N Y J Q B C C J P D I
D A K Y C D W P O P X A G Y G G J F M I P C J
I F R B I K G P O D S U F N R K K J O X J W F
G B I V D E K K N I V J E W A R C Q V D C I S
G D I I A V R E U Y J Z L I W O U B I W F Y D
Y X C R D V S T L M E H Q M G P T I M Y G Z S
U H Q Z A J K N Q O V Z C H N S R N I Q E V F
J R X W N T L X O C A Z T Y T I D C E M R M E
D M H A G K L Y O I M Z S H T N U H N M U C H
N K J E U G G I Y A C F B D B Y F G T P O T P
T F N S L T M A C Z E A C A N E T V O F F M O
V B J L A N O I C A T O R A C I M A N I D G S
R K Y T R F D R G S T I R E L P E K S E Y E L
M R T G S E B E Q V P T J W L W C R S G Y I I
F Z H N R Z E S G U W C Z E C E D Q N J X N P
D D L B K G Q G N F E R L S O S C Q Y G T L W
A E U Z L Z R W F Z V T G E A L T A X S E C M
H N P B G M O P A L R S B M O C O L S M U M A
E W W G P D C S B A F M Y R F T E N X Y I P K
P I B N E X F V M Z J M T H L B X L U M X E U
```

Movimiento   Aceleración   VelocidadAngular
DinámicaRotacional   MomentoAngular   Torque
LeyesKepler

Plasmas y Fusión

```
L Y H R B O W Q F U F K H P Y I F C P S Z S P D T
L C E A D P C J E Y U U Q B L K O O V S N E Z I S
M U I M C P U E Z I S A O V L J J D O X F U J C F
S Z L S C I V W G L I Z S H U U G E K D N Y S C V
E M N A M G M R E S O N A N C I A A L F V E N M Q
A M L L S B C A J S N A S J F K M G Z W C V T Z H
J S Z P U H W Q N P R E W F T A L N S J P C U X P
I K B N B R T T J I F C X A K P X E T D P F M M N
O Y D O S P Z T Z M D J Z O H K R A H P F R S W W
A V W I S B W Q S Y J O T K Q K S D A M Z D I Y A
I N R C W O W V J K O I R Q O J S V O U V P Q Q Y
O L V C W U C K V L N F N D F R A F O V U F E T F
Q T I A F C S L G Q G V K P I P L W Q I Y W B X G
A X N F K M E X V F M K L T R H I G M M F R Q F Z
Y M I E L O L M Q L Q U M V K M O L G F J G X K P
M G S L I O B F Y S K T Z D S L D T W O S M K V I
R T G A U M T X U T X T J B F T W D E J Q T M X V
R V Y C L Y A K M D S K T L F O V U J N I M F E C
W W G C O P M N I F Z D X E N Q L O L H G T J A K
I M T C X J J I F I W Y S C H T A I Y E K A X M P
H X F L J C T K F F R L J G V S I L G T K M M R X
C N D W O M T A H A N L F Q T L G Z V K C H C J N
M E M U U A P C V P C O T C M D L T C H X S S M V
L E M U T I I R O P J A C P B M Q Q K S K D F K Y
N G B F C V C R R S A A J P B Q K G H G F J H R U
```

MagnetohidrodinámicaTokamak   Plasma
Fusión   Confinamiento   ResonanciaAlfven
CalefacciónPlasma

Radiact.Isótopos

```
U M R B N T K Z J Y Y L X E V O D L Q
K F L X J N J E D U X W D B T H A I P
K N P O S B E J Z U S W A N N E J M C
S P B J Z B J A I D G Y D O S V O C L
D E M I S I O N B E T A I F C I W W J
Z T Y H F F J G W T A C V D T I Q G Z
E M I S I O N A L F A O I V Z S F K E
V W P J J X Q G A R X N T O A O D M Z
P X Y R T R V R G O N S C S I T A V Z
W O M E Z X L E D W D T A G D O R F K
T W Z Y R E T R W K U A I N E P N H B
U Y P D S N V J Z A I N D K M O P M D
H I C S I C I K B Q P T A N A S M F U
U R C S M P U B Y A D E R C D P M E J
R L E C C J K D M L C M N E I O D K C
D D T V S N R O M N J B U M V X I N G
S H S W B F K M U N Z F N H H A W U M
T U P Q K Y H D O B R H K Z D V D N G
A C V B O T T P B U L Z G C Q Y P A D
```

Radiactividad   Desintegración   Isótopos
Vida media   Constante   EmisiónAlfa
EmisiónBeta

CamposCuánticos

```
R V T H G M H H X L K D C W T F M E K
M U G E N J R M I J C P X L T G M Q Z
M Y V N O I C A Z I T N A U C G K F A
J U A D T R N C A T Z B Q W I W Q V V
E B U K H S I M E T R I A G A U G E C
X A O U F Q Q A X D N Y R X Y K Y Y A
X I O S O G Y M C W F L A N W Q R J M
F A S R O S D D H U P N D F G A D M P
B O G I P N G P B A A A N E D L V B O
S F M X N B E S B Y J N A R E S B K E
Y J I U S W U S H K D H T M Y U E M S
C O U V J C P Y G E N Z S I X J K T C
I V G J T O P D D A E E E O C S O A A
W P T Z E R O X S I U W O N W A Y J L
L I T N S Y S F W G Q G L E M B L A A
C U K I Z E V R T E W T E S T F K R R
G F X Q B D P W Z C Q I D U O V H F C
R L V C J M I V X L W D O L P X K Q X
C K A O B B S K S M W Q M A T G N C L
```

Cuantización   Fermiones   BosonesGauge
SimetríaGauge   TeoríaCuántica   CampoEscalar
ModeloEstándar

CinemáticaAvanzada

```
A I L R X O O Z T T O I V N V S K H H J S O
P S F Z I M I Z X D U L R P V A A R G X O P
E M F O J N Z Y A Y J A W Q Y W L R U Y O Y
I T I F C S E D M W L V E O Q B P A V M Y N
V N T E J E I R X S V E A K D J K L M F R W
C Z V P R C E J C F Z V N J G N Q U D Q K P
V P I E O D N X J I N A I P D P R G N H Z D
V M J L R O X G T L A F N Y H F B N N C C N
A L E Y E S K E P L E R I V H U W A K R B Q
V V Z E H T A R N M G Z O X X T H O W T D Z
B B A W V E G P K B F E Z T H W D T C M T B
C R Z T U A F E I D M G M V A S P N Q N O R
Q H L W U S E Y D V Q R H F O C Q E I U D D
Q U P S K U A E W G F E S C Z U I M E W L K
I I M M Q F K D V K A F U J W I R O T F H V
C H N V O P F A U R T W P V K F P M N O Y C
F S S H P O F O Z I U P W A J V T I Q A O Z
K I P E N D U L O G B D Z Y B H S N D D L P
Q Z G S C E E L O W K Z A D S V E H K U V W
A D Q Z O E R P V Q C N O R Y C Z B L T I D
E D J N G Z Z L D G Y S N O A E I M E G H D
D T H I H U A M W S V V H K B X P E S Y K E
```

Péndulo   Fuerza   Velocidad
LeyesKepler   InerciaRotacional   MomentoAngular
Inversa

Plasmas y Fusión

```
G U O N R N B U G E A R D U E T F U N F
Y J F D E Y X T I R A S A Y R C Z Z J R
K C V S M H Q W Y G I Q D P T N C R P E
O K R O P F U S I O N P O R L A S E R N
D N G M O A I R F N O I S U F L Y B O M
N Q Q V L I C U P J C I Y T U D Y X J E
P X N H U H R E I A P O U M S B M W F T
E O O F H S Q E V L X B O T I A W C U H
I R X X Q Y H E T K M D X D O A E X P U
P S W A I F D Z C U I E G L N X V F M B
I O U C O A P Y M N E D I E S S L R Z B
A J C B R P O T W Y V D E E O E C E N A
X V O A P K T H F U Z F Y Z S K Y L M C
K I M H V B O E C R H X H S T M O F K T
U A S X H T I D Y O Q P X V E M X O P F
C O T N E I M A N I F N O C N R N U Q D
Q J Z W J Z P E W U B E T K I T T B M E
I T E C G U N M Z H X S J P D Y C E U D
R C M H D X G S E H X D Z W A K F H H W
Y G Y G G T G Q E Z X M A R P X F H I Y
```

CámaraDeVacío   Confinamiento   FusiónFría
HeTresyDeuterio   MHD   FusiónSostenida
FusiónPorLáser

Radiact.e Isótopos

```
A W J A B P Z K W S K Q R O U W P O N Y S W U
O V S J F S I H L O O E O P C Z L U E O U V H
N D J O C B U Y R B F D M O X L S W Y G Y M I
R K P B S E Y F W E P V I V D W G F M W U Q U
J J R X O T F K P H O C T N T A I V L K P G P
Z L A J A F L A O T N E I M I A C E D J D K Y
S O M G W U G C L S B G D D P T O O U Y P X N
G A M D V C K D K O T L X R X V C G M I K T Q
H C A Q Q Z S B I K A R S Q B V C A S E E E G
E Y G A O W H B S Z O Y P X Y Y O S I C Z G
D E S I N T E G R A C I O N B E T A V X L W J
G G O J D F Q F G W A H C N S O T Y D T K R F
M C Y Q J U E S M C F R X S P I U A A T F L Y
D R A A R T I F I C I A L O G G C K Z U O G X
A B R A Y F I A H Z V O S A V C V S S Y P Z J
Y A N E D R A B Q Y B E J E E Q B E K L A P R
W I Z J J U T V X T S O Z K H W Y G N U A V O
O G Q Y S B Q M Q T N W O L Y B U S H U G F X
S C O S H P W D A D J G V O O G A R D G Z C H
W S R M U B X B S E U B V O E X Y U A K Q D T
K Q E T R E L Z K C U X W H R V H V G B J Q G
C M E E Q E Z M F M Z F K Y R S G C E Q E S E
Y U C X S K J L R U Q R P C H Z O T F H O D D
```

DecaimientoAlfa   DesintegraciónBeta   RayosGamma
IsótoposEstables   Artificial   Actínidos
Uranio

Campos Cuánticos

```
L V M K R L N D Y B V K B F E J Y Q D M W O W E
T B R I A O I X C A H X E U N Q B J V M K C W O
A X N W N W I X X C N J U G I I J G H E S R P T
X I U S T Y C N Q I T N F O S G N J F H A S I C
I H K G K R K O W T Z U H V U F K G A L N S J N
M D E S G R Z O J S P F S R L H E H B C U F A K
I M Z C J L D F I I I I L P Q G A W Q K F O G Y
E T A R L U A Q R D I F Q V D M K Y L L J H K A
P L A I X A A I L A M O N A W M T C F W M W T O
T D L G X K B E P T X S U M J P A C Q I Q L Q Q
T D Y I B V U A X S A T G Z C H L Z P B H G F M
S K R A U Q O T N E I M A N I F N O C Q G L Z M
X K E T T T C U K N T D V V J Y H E U X S L J Z
Y F U D V K D L I I E R B S O B O S O N E S K X X
K D T O X X N A J P Y U X N Z T D N N T E B F B
H Y G Q I E C D R S H N G H A J U O S P V I W H
V F X Q J I A Z X Z R X D D Y D I P W W D O V S
R U G A I K E G O U E Z O V Q M A A Q G W N C S
D C U B K X Z U W N H D B R R M P V G G H N D U
Z G Z X I C R A D N A T S E O L E D O M U D C M
Y A L P H S T V X D W L F T F U M M W H L A G S
G Y Z I N C L L Y J E D A C W H S U M U L P C U
U K A F T O K T Q B H B S P M X Y A J N H B F G
F O N S F V Y V Y I D Y J F T Z J S Y T W A Z V
```

Estado
ModeloEstándar
AnomalíaAxial

Fermiones
SpinEstadística

Bosones
ConfinamientoQuarks

FísicaExperimental

```
L J V M E R S Z T F O G N D M S U T F M P
S S X N C M X M L W K G A T X O D E U V Z
U Z E F H U Q B C H H B P D K K C D J Z
V W R L H C W D X O I Z N B F A X N U U P
R P L J B S F V Z E G I Q A X K V I U C W
J K G N W A W L R L M I Z A T G D C R O A
E A N I Q C I E S I S Z P Z S Y U A T K C
A G Y O O S R R O R R E N P P C I S R U I
F P L F Z M J F A T S Z U I P L W M W Q T
A X T R I F Q U V V U B S W W L S E O U S
X R V F E I L T W D L D T E K V Q D I J I
Q Z E V Y V G U N I Q O N O U A M I T P D
B B C E P S A D C S E H R Z U K R C E D A
V N L M G W G A F E A S N T F Y B I V C T
U W P G F J C E E N B J J Y N Y D O I T S
W N O V E I Y D C O K I F S W O T N P J E
C E L Z O B Z T K C Y Z V U G L C R V R V
K Z T N M P P H G V C B V R F O P Y P F R
B S I V J U N P I O Q M K I H H B R X W H
C Z F X C Q J J C R P J G J G W D E T E L
P V M E T O D O C I E N T I F I C O C I B
```

Diseño
Error
MétodoCientífico

ControlVariables
Estadística

TécnicasMedición
Publicación

Interacciones

```
W A D A C I F I N U A I R O E T O T C Z R U D
V Z W C T R H O R E M U N F I P J U W T K H O
F I X G T M W G P U Q Z S B O U S U P T L C D
M A D E V M T H A T D F G C T U Y D P E S X O
D Z E R H W E R R B L P J T N U V V R C V F E
T C O D K C Y T T U I O I I K E G L X S W K K
Y W Y L J M Q H I E B D X C Y L J W E Z U O K
M O Q R Y E F L C E E R L R S S X N V N E S B
E X O Z O W D O U Q D V U X H L R S O O Q S F
J G O M S D N E L Y O D Q B N G H S A I V M B
T A A I W K U E A A R D Q B V N O I S C J B I
S R J A L F C W M G T L J P V B B M K A N R Z
A R X J H W L R E L C O G M O N K F W T H P S
G T K J Z V E Z D R E M T I E J D D H I N J P
M Z N P R R A B I R L Y B G J B C D M V K Y Z
L Z T S M L R R A M E M D C C H R H Q A E B L
Z N H K J J F R D K A I Q D L I E V Z R Y L A
I C G J C Y U U O C K Y A Q N U P V L G M N W
B D R L I B E D R A E L C U N O G L A E G D C
E S U M W X R E A A S L C F J M G C Z F D Q K
Y V N P Z V T N F T F K V W P M K C T A U G Q
M J P Z U N E S Q H J S W L M M O Y T O K C H
D J B A I F Z C R T T S Z C N R W I Y O G U R
```

NuclearFuerte
Electrodébil
TeoríaUnificada

NuclearDébil
Gravitación

IntercambioBoson
Partículamediadora

Efectos Cuánticos

```
Y B Z N I K O F R T X I O S K U O Q N E
T C I N X T T D I O J Q D Q Q S Y E R U
R X V J C V W L M C B B S M S N C P L K
Q E P H P H R F I P V V B D H R B K L R
R Z X J Q E L Q S N C E J Y V V S M E I
R T D S B W L L A X U X L R U T B Z B Y
S A D B U C N O C L O N A C I O N F D X
X L W P K Z V F O T W U K D C L U Z A I
L T E L E P O R T A C I O N B A R L D N
V W C N B Z C B C J M V Z A I G S A L G
V Z L W U Q H X E S D W U P K E H P A I
T K M J G T Y Z F E T Z O E Q K R D U E
N V A K I H B W E Z F R R Z T Q T E G Q
T A A Q A I R G H P T T O O R Y S G I Y
B J I H I Z Y A U N G J Q A Y A V G S Y
S T Q P T W H I E R B C J R K U L B E Q
D I C X N K Y O B P T G O X W Z M Z D G
S T Q B K A G H H P L N E U I F R F Q S
N G A J H F N Z T F P H F N F K G U M V
P J F U A I C N E R E H O C E D V X Z V
```

NoClonación
Decoherencia
Entropía

Túnel
DesigualdadBell

Teleportación
EfectoCasimir

Dinámica de Fluidos

```
L S V A I S O U S B C E N H G G E F A K H
W J G G A C F F W V H F S X U C F I G M N
F L V B I F C Q Z S P P W S T N T P P K M
V E C O T N U M K A T R I L S L E I U D Q
R R G O K N B N G J C S V O V O O M L E J
D W X F M D Z E Y I H M T S O W R W F S X
C U G C Z P A X R Q V I X D B J E D Y S R
O Q R L G T U T O M C J A J Z E M M F E Q
B H H E X N U T U E K D I B G A A L M O H
G W N G Y M C R A J I U R C R M B V G X J
E Y B H M E Y L B C P V M T P C E U T E M
L Y X J F A H M I U I U M W U H R Y E W I
K T G O C S F T N R L O M V K M N H J I I
R Q Q E S T R N X R M E N W R V O D K V F
O H L J E O W V J X D N N A C V U K Y N V
A E G J V F C H O I R L U C L E L L U E F
F Y Q K Q T P S C E M W E O I D L Z C F T
D C S T Q Q G X I N B N B G P A I K K E G
S E K O T S R E I V A N T J Z Z X O H D Z
E L B I S E R P M O C A R K I P J L E Q N
Q I G Z J W F O V U B S R A B B E V I U R
```

Turbulencia   NavierStokes   Viscoso
TeoremaBernoulli   Vorticidad   Compresible
Computacional

Física Estadística

```
U K Y V R F M A Z Q A D M G C R P L B M Q T O
J Y S O N P K J Y Y J W A U B Y E R K L O W H
H J E O Y W D V U Y Y C U A N T I C A N D Z P
H Q V S R U W A Z M W L O K D B T M L Q K L E
W F T F T E B L T U T Z K Y O X R B R Y O M D
K M X C B A M J E H U H E D E O P F I B X M U
V Y Z N I M D U V F X Q Y I N F I E F C A C S
S C Q J N O V O N F I J S N N S G X E B B S U
R A V U E D J Q M S Y U O I K B G X O B D R E
B I S L N E R K E I E I M W M U H R Z W Q R F
V O L Q T L E S Q S C D T I R N G J Q D L K S
Y D W D R O V H Q U T R N C N U Y R B W Y E F
D S N U O P A C B X K O O A T A Z Y U G O E J
B U F U P O A I W P L I C S R O A I A G C Z M
G W M G I T R D E A Q F T A C G Z S I V L H K
P V X B A T K M W Z V K F V S O U S Q W W A C
N B X B S S R O L M I D K G C T P T L E P V U
R D K I H H R D Z A L E N U G P I I T A A C K
C N D W A C A C P R R F M K H F K C C J C H G
Z F A M N U S V Z W M T P D M E M N O Q O M T
J H V A N P G Q N L T D P B A F I U G O U V C
P I D M O M U J N B V T L V L F X A X D Q W K
M F I R N Z C E T H M X K X I Y M Y I I L G G
```

GrandesNúmeros   DistribuciónNormal   EntropíaShannon
Cuántica   Estocástico   EstadoMicroscópico
ModeloPotts

ÓpticaModerna

```
G Y J M P S Z T Y A P W I E Y E J F K A
B M J X P A A A W G R O H I M Y X R Q C
R M H X Y N F I D M I F N O H T C V O L
G R O V H B Q F C C S C E R P F F Z E Y
N U H P I U T A P N M O X M A V V Y C J F
O O Q A T N Q R A F A G D P H N J D G O
D I I M X O T G R Q S T O W G A P M B G
L O Z C G I E O L R W A C W A A T P J B
O Q R R C C G L N X C B P E G S W V O E
U C G Y C A A O E N I H F H L L D A H G
K O H Z R Z R H K C T Y Z P A F D X V B
T O W M T I M F W O T Y Z F S D E O I J
O J V K M R S Z I K A R K J O Y C R I D
W R V T U A H I L D O Q O K Q K J B A N
N V O S B L O A X S Q Q A N U D P I P V
K H G Z B O D P P E P K Z R I I H W M S
X P D Y Y P W O I P O C S O R C I M P B
B W C E V Q I F I F M T C P H P A W U J
D Z Q O T K M P K S J G J O K M F L I A
V V Z X G U X C K N W H M T D V L A S V
```

Holografía   Optoelectrónica   Microscopio
Polarización   Reflectancia   Difracción
Prismas

CamposCuánticos

```
Z Z B E P L J N V A D O S K U S T F U S G
A Y V Q X A A Z F Q U M K O T M Y O G B P
Y G V E H I G C I Y C H V K H T X Z T U Q
B O W C Q X L T I K Y A R W X O R N O D D
P I X N X A O R S T J K D G H Z L Q P B Z
B B W Y F A E W B O S O N E S G A U G E Z
K H Y X N I Z B U H K I T S B L U A K M H
D M O D E L O E S T A N D A R P S R N N H
S Q O V Q A R A E C P O D A T S E K N W E
P J I S D M O W Y P Q L O B T D A S I D Q
L E T W P O C M H D L H H Z B S H C P U V
D K X R S N D Z B K R J F Y X E E O K H U
Q N S Y L A Y Z J I P B M I I N P N Q W E
U J W X U N Y T N V N D G K O O F I B U
H Y H Y J W N B G C A B D B J I E I A P N
E Z P Z D M I Y Q E B L Q K Q M V N R V S
I B Z Y J P A D E U P C E V J R A A N M Z
F V X C X C L E K C R R B K I E V D P W S
O F K U A I F V Q O C P I L S F L O Q D T
S N D C O S J I W B A H X L P W X S S U S
Y F V G S J Q P C W E L J Q N B M A D W H
```

AnomalíaAxial   Estado   Fermiones
BosonesGauge   ModeloEstándar   SpinEstadística
Quarksconfinados

Óptica Moderna

Y	J	F	I	D	D	R	E	F	L	E	C	T	A	N	C	I	A	R	W
O	M	X	N	S	C	L	P	K	U	A	J	M	W	S	C	D	C	U	Q
M	W	R	S	A	N	U	G	O	I	Y	B	I	X	D	I	K	I	L	Q
Z	V	B	H	W	P	H	S	O	L	P	T	T	E	F	R	T	N	A	Y
Z	X	Q	L	F	T	D	Z	F	T	A	J	Y	R	A	L	H	O	I	Z
T	L	E	H	P	H	H	O	L	O	G	R	A	F	I	A	G	R	C	E
G	R	P	E	F	M	U	F	V	S	R	C	I	K	Z	T	G	T	X	F
B	V	A	O	V	U	Q	W	N	P	C	B	D	Z	A	M	N	C	N	E
M	Z	D	Y	W	C	V	B	E	I	Q	L	X	M	A	I	H	E	J	L
N	K	P	O	F	F	A	E	O	J	H	N	Z	A	B	C	G	L	D	P
F	W	V	L	I	B	H	N	M	A	Q	P	O	E	T	R	I	E	I	T
E	F	S	Z	Y	B	H	Q	T	Y	M	T	J	R	E	O	E	O	F	P
Z	S	Q	S	T	P	B	N	U	J	Y	K	B	M	J	S	T	T	N	J
B	K	H	V	R	U	T	D	V	F	Q	G	W	Y	I	C	D	P	J	T
L	A	V	T	M	J	Z	W	L	K	O	L	R	O	A	O	R	O	K	Q
E	H	A	H	M	S	S	S	A	M	S	I	R	P	S	P	G	M	T	W
Z	C	D	A	V	D	U	K	R	E	W	I	L	W	Z	I	Z	Q	P	M
T	B	E	S	L	G	D	X	T	Z	T	C	A	I	J	O	W	T	G	G
F	V	T	D	C	U	H	G	J	E	W	B	O	S	L	S	A	A	T	J
L	C	Q	C	V	O	M	D	Y	C	V	S	M	I	R	M	B	N	X	E

Holografía **Optoelectrónica** **Microscopio**
Polarización **Reflectancia** **Difracción**
Prismas

Cinemática Avanzada

Q	F	N	B	J	O	I	I	E	D	Q	O	S	K	A
M	W	G	N	R	E	D	W	N	K	V	A	R	O	U
C	R	C	L	A	N	O	I	C	A	T	O	R	O	L
V	H	S	C	L	O	A	S	R	E	V	N	I	R	J
F	P	D	K	U	Z	K	E	P	L	E	R	P	K	Z
D	M	F	D	G	U	E	I	Y	T	J	J	C	Z	J
O	N	O	H	N	R	R	I	K	M	O	D	P	V	Y
R	P	E	T	A	T	M	C	Z	V	X	F	L	L	E
N	W	P	I	N	E	P	Q	T	H	C	M	Z	D	D
P	D	Y	E	D	E	H	W	P	W	S	Z	H	Y	C
K	J	C	N	N	U	M	O	I	Q	W	F	K	B	W
C	V	Z	U	P	D	G	O	Y	A	I	N	G	B	M
N	Y	G	A	X	T	U	G	M	F	H	D	J	R	Q
B	X	C	N	C	N	G	L	F	B	F	L	B	A	C
A	U	T	X	I	M	G	G	O	L	I	F	T	R	I

Centrípeta **Angular** **Kepler**
Rotacional **Momento** **Inversa**
Péndulo

Plasmas y Fusión

Y	T	W	D	Z	F	K	N	Y	O	Q	Q	P	O
G	P	A	M	P	R	F	N	Y	A	Q	Z	O	S
X	V	Y	D	Z	B	O	V	W	Y	E	B	E	O
E	N	M	C	I	I	Z	P	J	A	J	R	Y	T
T	W	H	L	S	N	P	I	M	M	Y	I	R	T
F	I	W	U	V	E	E	H	S	H	F	H	A	T
K	X	F	O	I	R	E	T	U	E	D	X	V	Y
M	W	X	O	Y	C	L	A	S	E	R	Y	P	P
A	J	I	F	R	I	Y	G	I	O	L	X	T	D
B	V	H	D	P	A	S	L	H	I	S	Z	X	V
I	K	Z	K	J	L	W	D	L	C	N	A	N	F
G	S	H	D	C	X	W	Q	N	A	I	F	F	L
W	T	N	Q	M	I	X	Z	J	V	O	S	K	C
O	V	Q	C	P	G	M	I	M	E	P	O	P	E

Vacío **Inercial** **Fusión**
Deuterio **MHD** **Sostenida**
Láser

Radiact. e Isótopos

J	S	K	O	X	R	W	B	E	D	X	Q	A	P	O
P	T	S	Y	I	U	J	J	B	Q	V	K	Q	A	O
L	P	T	E	R	N	J	Y	W	Y	R	J	C	V	E
O	O	Q	A	L	A	I	C	I	F	I	T	R	A	L
P	S	N	V	L	B	W	E	D	R	I	W	L	A	D
W	I	J	S	X	F	A	Q	Q	N	D	C	Y	C	N
O	U	V	T	B	M	A	T	I	M	Z	O	Q	C	D
D	X	Z	L	M	A	I	D	S	T	P	O	B	U	X
L	E	C	A	A	C	O	A	T	E	B	A	L	I	S
M	W	G	W	D	S	E	L	T	O	S	R	Y	I	T
I	B	O	L	H	W	E	T	D	F	S	E	N	E	G
U	R	T	J	S	D	H	Y	R	Z	O	L	H	G	G
D	G	G	G	J	X	M	I	W	M	J	X	L	J	S
K	S	Y	B	T	A	M	B	B	U	E	Q	D	P	O
X	C	E	C	J	D	H	V	J	A	C	L	Q	D	O

Actínidos **Alfa** **Beta**
Gamma **Estables** **Artificial**
Uranio

Física Estadística

W	J	S	G	T	R	J	Z	P	C	W	V	T	T	X	G	O	B	I
C	L	L	O	C	F	C	G	T	W	M	H	F	S	N	V	I	J	I
W	C	W	V	R	Q	T	L	G	M	M	X	H	V	M	H	E	M	Z
T	O	G	U	V	E	R	I	T	I	E	R	Y	O	O	X	W	E	Y
V	H	U	K	K	F	M	G	O	C	I	T	S	A	C	O	T	S	E
U	Y	D	K	R	G	T	U	W	R	F	B	H	P	U	P	I	B	L
J	N	S	E	S	G	P	U	N	O	S	T	A	Q	S	D	Q	L	M
O	E	N	E	T	H	X	K	U	S	T	R	N	A	E	Z	X	Y	I
A	J	S	I	E	R	H	K	R	C	E	A	N	Y	P	Q	L	O	G
C	R	F	O	U	B	D	Z	L	O	C	D	O	D	Q	T	O	X	P
I	D	D	P	I	P	E	H	J	P	S	C	N	O	R	M	A	L	W
T	O	F	G	V	A	G	E	M	I	N	K	V	A	J	X	J	K	L
N	P	O	H	P	Z	Q	Y	F	C	M	Y	L	L	R	S	G	M	K
A	R	N	L	O	R	A	O	B	O	P	X	G	U	I	G	V	W	W
U	L	Z	E	T	D	A	Z	J	P	M	G	M	B	F	Z	F	P	D
C	T	J	X	T	F	H	V	P	Z	N	E	E	K	O	B	K	H	E
K	Z	R	H	S	C	M	F	D	S	N	Q	C	P	T	E	H	Q	J
R	B	D	Z	U	M	H	Q	B	K	L	E	P	T	B	T	G	C	O
I	M	F	A	H	Q	U	L	D	Y	K	J	N	G	D	R	K	O	F

GrandesNúmeros   **Normal**   **Cuántica**
Shannon   **Estocástico**   **Microscópico**
Potts

Magnetismo

L	K	B	N	C	M	W	W	W	V	K	F	Y	I	W	P	O	E	H	H
C	R	E	L	S	K	I	H	T	J	B	V	E	Z	A	V	Z	P	S	
X	M	G	K	U	X	X	U	F	M	W	H	V	E	R	L	Z	K	W	
C	H	E	A	Y	L	L	G	Y	X	X	Q	R	F	A	E	J	U	T	
V	R	B	B	C	H	B	W	Y	C	E	R	E	P	M	A	Y	E	L	
H	S	O	N	R	G	D	M	N	M	W	R	R	C	A	D	U	A	P	
D	M	R	T	O	B	A	P	I	G	R	T	N	C	G	C	P	K	N	
A	H	N	R	C	I	C	G	N	O	F	D	W	J	N	S	K	F	Y	
M	O	X	G	L	U	C	A	M	C	W	G	D	S	E	W	C	M	Z	
U	A	Y	C	I	K	D	A	M	H	D	D	M	E	T	G	V	R	D	
O	H	P	U	I	X	G	N	Z	P	S	M	P	W	I	I	Q	H	Z	
G	O	I	T	S	N	F	T	O	I	O	A	M	S	C	F	U	I	V	
J	D	Y	E	E	O	K	H	Q	C	T	D	P	G	O	R	B	J	M	
T	H	G	T	D	D	S	Z	I	S	R	E	M	S	D	Q	Y	H	L	
T	Z	I	Q	G	O	C	D	O	N	F	E	N	I	L	H	Z	Y	Q	
K	C	R	O	N	J	W	E	P	T	B	P	P	G	Q	I	Z	C	U	
O	Z	S	Q	L	O	P	I	W	Q	W	O	K	U	A	V	K	B	X	
H	N	I	T	G	L	C	I	D	S	L	E	S	L	S	M	F	Q	R	
H	D	H	E	V	E	T	A	W	O	O	W	D	C	F	C	X	S	C	

Campo   **Dipolo**   **Ferromagnetico**
Paramagnetico   **Magnetización**   **LeyAmpère**
Superconductor

Electric. y Magnet.

B	J	G	C	S	X	Y	G	C	N	J	R	L	O	W	F	I	C	G
B	W	T	L	M	F	V	A	R	P	H	G	C	V	B	L	P	Y	M
I	W	N	H	L	T	Z	H	Q	V	H	T	S	T	G	N	R	I	M
Z	Z	G	A	O	F	J	U	A	Y	E	G	J	L	F	P	C	K	X
I	J	F	M	F	C	O	Y	U	L	J	N	L	M	S	J	B	B	N
R	A	D	M	P	M	I	F	R	K	L	L	N	X	T	Q	T	Z	C
T	N	P	K	J	O	F	R	R	B	Z	B	M	H	E	Z	A	L	O
O	E	Y	B	T	Z	T	V	T	E	O	B	M	Z	A	F	Z	Z	R
M	I	H	D	I	E	F	E	Z	C	O	D	B	V	W	W	D	K	R
O	E	S	K	S	O	Y	L	N	D	E	B	Y	Z	W	C	C	K	I
R	N	Z	W	G	W	T	W	V	C	E	L	Q	A	H	P	U	Y	E
T	P	N	R	T	E	Y	S	Z	R	I	D	E	X	P	K	Z	R	N
C	N	L	M	O	N	N	Y	A	X	H	A	G	O	C	E	X	D	T
E	Q	C	P	V	B	M	Y	I	V	X	H	L	R	P	H	B	N	E
L	O	Y	T	I	G	H	X	J	X	A	U	P	V	M	X	G	S	
E	Q	M	O	O	D	W	N	D	J	P	R	T	E	T	O	A	S	G
A	H	P	E	M	K	W	T	G	V	C	Y	T	H	X	E	R	C	J
O	P	H	C	F	S	S	C	O	U	L	O	M	B	U	X	F	U	X
A	H	L	T	E	Q	E	S	O	L	Y	G	D	Q	Q	B	R	F	N

Coulomb   **Potencial**   **Corriente**
Ohm   **Electromotriz**   **BiotSavart**
CampoEléctrico

OndasElectromagn.

B	J	L	M	A	L	F	D	T	X	Q	I	Q	C	P
S	D	A	R	V	J	T	V	W	S	E	E	K	Q	B
V	W	J	W	W	X	C	A	M	O	T	X	D	Q	N
O	E	U	M	L	L	S	Z	D	Y	U	O	P	T	D
L	J	N	O	I	C	A	I	D	A	R	O	J	R	R
L	M	O	V	A	Q	D	S	T	R	A	F	X	A	C
C	U	Y	R	Z	S	N	P	V	S	I	D	Y	D	F
K	R	Z	H	R	I	O	L	B	O	W	O	B	N	S
V	K	S	V	A	A	O	M	R	J	S	R	K	I	L
K	Y	Y	X	I	I	R	T	A	G	B	D	U	K	P
C	K	U	Y	Y	S	C	F	A	H	C	U	N	C	I
N	N	K	M	Q	E	I	M	N	O	W	W	B	A	J
I	X	C	L	P	Y	M	B	K	I	X	B	J	M	A
Q	H	J	S	P	A	J	N	L	K	I	U	Q	Y	A
K	O	E	V	A	K	V	P	Y	E	U	S	I	R	E

Espectro   **Radiación**   **Microondas**
Infrarrojo   **LuzVisible**   **RayosX**
RayosGamma

Relatividad Especial

O	X	P	W	Q	I	O	T	N	Z	M	J	D	T	V	T	K	L	Q	J
G	A	J	P	H	F	M	L	Z	E	H	X	P	Z	X	P	Z	R	P	C
Y	W	G	P	Z	C	L	W	U	J	C	R	N	U	I	F	P	D	C	C
I	H	U	H	O	U	W	A	L	J	O	M	X	W	A	Z	H	H	I	X
L	M	S	G	E	A	R	F	E	J	A	Q	T	O	T	W	E	J	T	M
R	P	O	L	S	T	F	D	J	S	F	Y	P	W	U	W	U	S	H	K
P	E	R	H	D	R	K	N	A	S	I	M	J	X	R	P	H	D	K	Y
Z	R	L	M	M	O	E	E	I	L	E	I	M	I	A	V	S	Z	Q	D
C	Z	G	W	Y	V	N	V	V	I	S	X	O	A	T	I	E	B	D	Q
H	W	N	L	F	E	N	T	T	F	A	X	Y	A	F	D	E	S	I	J
I	V	A	O	R	L	W	O	K	V	C	J	L	O	J	L	S	H	U	R
P	L	Z	G	I	O	I	G	I	X	E	F	G	F	T	U	F	U	J	M
M	E	I	L	H	C	T	Z	S	C	Y	L	X	I	D	S	U	E	K	O
Q	A	D	S	A	I	A	B	A	Z	C	F	O	B	M	Q	U	E	Y	J
B	G	T	P	G	D	B	T	G	R	A	A	X	C	S	T	X	I	M	M
R	K	S	X	W	A	L	U	A	E	C	U	R	L	I	F	C	E	O	M
C	E	P	K	V	D	H	D	F	L	U	V	B	T	J	D	E	Q	N	F
Z	P	P	Y	W	G	N	K	S	B	I	M	K	X	N	D	A	K	L	R
S	I	O	S	F	D	Q	P	E	R	A	D	A	N	M	O	P	D	P	O
L	U	C	Z	S	P	Q	G	S	V	B	Y	O	W	D	F	C	J	M	U

EspacioTiempo Velocidad Dilatación
Contracción MasaEnergía CuatroVelocidad
ViajeLuz

Física Nuclear

V	R	G	T	X	A	C	T	L	F	B	C	S	Z	X	M	K	M
A	X	A	U	J	L	O	I	T	E	X	K	B	B	T	Q	V	I
Z	G	U	D	S	M	C	S	D	X	I	S	C	A	V	X	G	M
Q	C	W	K	I	V	Y	T	E	I	C	P	J	S	G	F	L	T
W	J	A	X	M	A	Q	B	U	V	S	K	X	Q	Z	R	H	V
U	Z	R	O	M	Z	C	X	N	A	A	U	R	L	T	B	Y	V
F	E	V	Y	K	A	O	T	I	R	L	Q	U	R	D	Y	S	A
F	S	G	E	R	V	H	F	I	W	U	P	U	V	R	Q	F	F
W	Q	W	D	R	J	V	Y	T	V	C	J	K	N	J	E	N	D
J	E	M	D	E	Y	K	Q	F	Y	I	Y	N	C	Y	N	Y	Z
P	Z	N	D	D	L	U	N	Q	W	T	D	V	U	R	O	H	G
V	G	Q	I	Y	A	F	O	Y	A	R	R	A	I	Y	I	S	T
O	B	Z	F	R	Y	X	I	E	W	A	K	Y	D	S	S	E	P
U	L	S	E	E	O	K	S	C	L	P	X	R	L	Q	I	Q	F
F	D	E	D	J	P	M	U	J	Q	C	T	M	K	S	F	N	W
U	C	Z	D	D	L	N	F	L	V	Q	U	Z	Q	G	P	R	Z
B	S	E	N	O	I	C	C	A	R	E	T	N	I	X	T	P	Q
Y	F	C	K	A	M	E	N	H	Q	T	H	J	I	V	J	M	P

Núcleo Radiactividad Fisión
Fusión Partículas Modelo
Interacciones

Mecánica Cuántica

T	S	X	H	K	Z	F	F	P	B	N	Y	W	H	Y	W	K	A	L	I
N	E	M	Z	B	L	D	L	D	O	K	R	R	S	P	O	U	J	M	Y
Q	H	K	J	I	D	Z	E	L	N	G	D	W	A	H	K	D	T	W	S
T	C	K	K	U	H	I	T	S	G	W	O	P	T	R	J	S	O	Y	S
L	U	T	O	E	X	B	T	W	G	A	W	J	Q	F	E	X	E	K	J
Z	V	H	X	S	Q	B	M	K	T	A	F	C	V	L	B	U	F	B	X
S	Q	E	N	T	R	E	L	A	Z	A	M	I	E	N	T	O	E	A	A
A	V	B	N	A	E	F	Z	J	A	Z	X	Y	M	G	J	P	C	B	S
Y	O	E	M	D	R	O	F	A	C	A	G	V	Z	W	S	Z	T	I	M
Z	L	G	T	O	E	L	M	V	J	P	F	K	B	V	Y	E	O	U	H
R	F	W	Q	C	B	C	Q	A	X	N	R	B	H	T	B	K	T	H	Z
Q	J	E	H	U	K	B	O	M	F	S	Q	J	M	J	T	N	U	S	D
P	W	W	W	A	B	E	H	H	T	M	F	X	B	G	A	B	N	M	N
M	B	W	S	N	E	I	V	J	E	J	J	E	S	U	L	T	E	Y	J
F	Z	G	I	T	X	J	T	M	W	R	C	F	Q	B	C	I	L	J	G
X	W	C	H	I	K	S	D	S	S	P	E	N	F	H	B	X	U	U	Y
A	H	P	B	C	D	C	O	B	Z	J	U	N	F	Q	O	A	N	Y	C
Z	B	H	H	O	P	S	M	X	R	T	H	C	C	W	X	F	F	F	J
X	Y	U	T	Z	X	C	W	R	Q	D	I	X	M	I	P	I	P	J	K
G	R	D	N	Y	D	I	M	H	T	S	E	R	O	D	A	R	E	P	O

Quantum EstadoCuántico Operadores
EfectoTúnel Decoherencia Qubits
Entrelazamiento

Fenom.Ondulatorios

D	S	G	J	O	O	B	P	F	Q	S	F	J	H	X	U	C	Z	U	Y	F
W	I	W	W	U	C	J	V	U	T	Y	V	V	H	F	S	Q	W	G	W	R
M	G	S	R	A	I	R	A	N	O	I	C	A	T	S	E	A	D	N	O	S
E	K	C	L	Q	O	I	A	H	Z	O	I	D	W	K	I	M	Z	G	X	I
T	M	W	B	Q	Z	L	K	Q	L	P	D	N	C	C	H	O	R	K	O	Z
E	E	C	F	J	C	F	B	Q	Z	I	K	O	N	S	C	Y	Q	N	J	H
C	S	J	H	C	X	O	Y	J	F	G	Q	E	Q	N	N	A	T	F	T	N
C	Z	G	K	X	V	R	I	R	G	M	R	D	X	P	V	D	S	D	Y	O
F	Z	M	A	K	N	E	A	P	D	E	X	D	O	A	J	N	G	S	F	I
Q	J	J	D	I	I	C	Z	B	F	D	U	U	Y	W	A	Q	Q	T	D	C
U	B	Y	M	X	C	Q	U	R	E	T	L	T	W	S	Z	W	O	I	F	A
A	W	S	C	I	U	N	E	J	I	G	O	I	E	L	M	F	Y	S	U	L
W	F	H	O	K	A	T	A	L	G	G	B	G	F	L	N	Q	Z	D	X	I
H	W	N	I	B	N	D	P	N	U	R	R	N	Z	Q	Y	L	X	B	D	C
C	D	P	X	I	L	M	P	O	O	S	B	O	V	H	S	R	E	Z	F	S
A	S	S	G	L	A	X	D	V	X	S	A	L	N	I	O	E	N	N	Y	O
S	O	J	W	X	L	K	G	P	Z	X	E	X	Q	N	K	Q	Y	O	W	X
T	W	V	R	D	T	X	V	N	X	X	Y	R	T	R	K	L	B	K	K	J
P	Y	B	B	E	I	F	H	T	W	N	Z	I	C	W	L	A	H	X	F	S
Y	V	V	N	B	J	G	D	R	W	Z	U	B	J	T	Q	W	C	B	O	J
E	H	M	J	C	U	G	J	J	I	K	U	E	N	V	F	W	S	O	O	M

Interferencia Difracción OndaEstacionaria
Resonancia LongitudDeOnda Amplitud
Oscilación

TªRelatividad Gral.

```
B B Z Q U G O B U T B P I W D W M E O C D C
F N U D H L E X D M H H I S J W X J K I U I
N M Q J X D C O L H W H W P S P Y R V Y E K
B R J N P R A O Z I N R C F U D C X V D E E
Z C F E R U H D Z U R L X Q K W E R N R O N
M U M Y D I G I I T Z I P P P Y W W N S G V
C R C B J K P S Q R S H R A H D S M R Q Z R
V V R V C B S A P E A R I T W I E E T K S N
E A H X X B Z A N N M L F Y S G V S S G V Z
M T K J X F N J Q E L E U U H I P X Q H I I
T U T G G I N M K R U M P G N O M A W P R G
I R U G Q P F C X G Y P L U N O A M F F M R
C A M A R D K I G I V Y N M C I E G R V Z A
W E G P R R V U B A Q O D J Y U S C Y L P V
E S S K D M I E K O I O C Q M Y F A L G B I
W P A V J O V P U S H T S K W X B H D K O T
R A Q M O T P Q N C B U A L A D X P Z A M A
M C S B X A M A G U J E R O N E G R O T S C
O I I K U M P U A R M A R Y S S K I B S T I
P A X M G X J M D A I F W Q F M R B Q D D O
H L W E E H Q H T E N S O R M E T R I C O N
Z F T I C M F F K Y L L V K X R P T B J P E
```

CurvaturaEspacial   TensorMétrico   Singularidad
AgujeroNegro   EnergíaOscura   ExpansiónUniverso
Gravitación

Termodin. Estadística

```
R X E R J N Y U Q G J C W S I B G T V K Z F
S P N U P E X P V P H J C L H O E Q Y B W Y
V A N D P X S F Z D N O Y I W L P R S S M J
Z K R X M M G H X P K I R H B Z D G V H A T
X I P N P J B P U Y T O A I K O N F I X K V
G X V G S T M K B J I L S O R O I S T X F W
U K Q T A D I R F E U R N B I Q T E Z A T Z
F I I M B S K Z I Y E Y O C W L X O O K R Y
K I B K I S I U R V R U I N A J S G Q B W A
O F L I V R H D E Z V T C V S Y D C M N Z L
R G Z X W S T R E A R O I T G R R D P W X W
W A E G W M O N B A I F T K P X V Y Q A C L
W U A N L S P K P E L X R K B X I L N T G E
P W I I E H O I Z Y U O A M S I Z G L X Z A
A Q P C V G V C D L G N P A D M X L S I B I
Q B O L T Z M A N N S G I N L R J U I P X N
N R R F S C J B V C F K U Q K S N W Z Y K X
P S T Q B Y I A B K G Y Q L W S J H C O U Z
B C N I N E T I C A D E G A S E S I V R G
H H E A R O J L R F S U D A Z Q R E Z Y A K
P E T J R X T T R V H M V F W J M N U T L N
T V Z C A D O P F V R X V D J G V L N F T M
```

GasIdeal   Equipartición   Entropía
Boltzmann   ProcesoReversible   CinéticaDeGases
Partición

Física de Partículas

```
T J R Q Z A K G P A G C C L A C G P S
C Y M O S H C G Q Q E P Y A C M A Y U
Z U C G Z Y K I Q M C B Z P A R V H O
J C A E D U H A M T Y V F V M A A N T
F S V U K J A W S A N H I P T D T J Y
Q I G I N Y U O N X N H H W R N I E J
S K G W P P B N B R L I P O L A G Z B
I E Z L D U F G Z Z C E D K X T L H O
N O P H M F O Y A C U A H O J S B C S
L Z Z X N R W D N V R M S E M E J X T
G D M T H N U D J E C E C Z S O M J R
V S E N O T P E L F I O E I A L R C C
E E K S D X I E Y W K O O D G E H C G
A V O R X Q C A F R V X L Z O D W T I
C B X C A A Y B Y H V W E U B O J I W
X O Z Z P U E E R S D J K F B M B Z F
L L R U J H Q W D N S L V F F G D W G
C O L I S I O N A D O R Q C I Z Y B Z
U T E J R P C Q C F S R B I L T I T C
```

Quarks   Leptones   Cromodinámica
BosónWyZ   ModeloEstándar   Acelerador
Colisionador

Aberración Óptica: La distorsión o defecto en la imagen formada por una lente debido a desviaciones de la luz ideal.

Acción y Reacción: (Ley de Acción y Reacción): Por cada acción, hay una reacción igual y opuesta. Esto significa que si un objeto A ejerce una fuerza sobre un objeto B, entonces B ejerce una fuerza igual en magnitud pero en dirección opuesta sobre A.

Aceleración (Leyes de Newton): La aceleración es la tasa de cambio de la velocidad con respecto al tiempo. En términos matemáticos, se expresa como la derivada de la velocidad respecto al tiempo. Relación con las Leyes de Newton: La segunda ley de Newton establece que la fuerza neta aplicada a un objeto es igual al producto de su masa y su aceleración ($F = m * a$), donde F es la fuerza neta, m es la masa del objeto y a es su aceleración. Esta relación indica que si aplicas una fuerza neta a un objeto, este experimentará una aceleración proporcional a la magnitud de la fuerza aplicada e inversamente proporcional a su masa.

proporcional a la fuerza neta que actúa sobre él e inversamente proporcional a su masa. La ecuación asociada es $F=ma$, donde F es la fuerza neta, m es la masa del objeto y a es la aceleración resultante.

Aceleración: La aceleración es la tasa de cambio de la velocidad de un objeto en función del tiempo, indicando el cambio en velocidad por unidad de tiempo.

Acelerador de Partículas: Dispositivo que acelera partículas cargadas, como electrones o protones, a velocidades cercanas a la velocidad de la luz para estudiar sus propiedades.

Aceleradores: Los aceleradores son dispositivos que aumentan la velocidad de partículas cargadas para estudiar sus propiedades. Los aceleradores de partículas son fundamentales para investigaciones en física de partículas.

Actínidos: Serie de elementos químicos en la tabla periódica que incluye actinio y todos los elementos con números atómicos mayores que 89. Incluye elementos como el uranio y el plutonio, con propiedades específicas, incluida la radiactividad.

AgujeroNegro: Una región del espacio-tiempo tan gravitacionalmente intensa que nada, ni siquiera la luz, puede escapar de su atracción.

Aharonov-Bohm: El efecto Aharonov-Bohm es un fenómeno cuántico en el cual la presencia de un campo magnético influye en partículas que no lo atraviesan.

Alfa: La radiación alfa consiste en partículas alfa, que son núcleos de helio emitidos por ciertos elementos radiactivos durante su desintegración.

Algoritmos Cuánticos: Los algoritmos cuánticos aprovechan la capacidad de los qubits para realizar cálculos de manera más eficiente que los algoritmos clásicos en ciertos problemas.

Ampère: Una ley de la electrodinámica que describe la fuerza magnética entre dos corrientes eléctricas paralelas.

Ampère-Maxwell: Esta ecuación de Maxwell incorpora la corriente de desplazamiento, una corriente ficticia utilizada para garantizar la consistencia interna del conjunto de ecuaciones de Maxwell.

Amplitud: La altura máxima de una onda, medida desde la línea central hasta el pico o el valle.

Análisis de Datos: El análisis de datos implica procesar, interpretar y sacar conclusiones a partir de los resultados obtenidos en un experimento.

Angular: Relativo al ángulo, especialmente en contextos de movimiento rotacional y dinámica angular.

Anomalía Axial: Violación de la simetría de paridad en interacciones débiles. Se manifiesta en ciertos procesos de decaimiento y es crucial en la comprensión de la física de partículas.

Artificial: Isótopos que no se encuentran naturalmente en la Tierra y son producidos mediante reacciones nucleares inducidas por humanos.

Beta: La radiación beta implica partículas beta, que son electrones o positrones emitidos por ciertos núcleos inestables durante su proceso de desintegración. Electrones o positrones.

Boltzmann (Ley de Boltzmann): Relaciona la entropía de un sistema con el número de microestados posibles en los que puede encontrarse, estableciendo la base de la termodinámica estadística.

Boltzmann: La constante de Boltzmann se relaciona con la entropía y establece la proporción entre la energía térmica y la temperatura de un sistema.

Bosón W y Z: Los bosones W y Z son partículas mediadoras responsables de la interacción débil en el Modelo Estándar. Su intercambio permite la transformación de quarks y leptones. Son Partículas mediadoras de la fuerza débil, responsable de ciertos procesos de desintegración nuclear.

Bosones Gauge: Los bosones gauge son partículas mediadoras de las interacciones fundamentales según la teoría cuántica de campos, como el fotón (interacción electromagnética), los gluones, los bosones W y Z, en teorías de campos cuánticos..

Bosones: Partículas subatómicas que siguen la estadística de Bose-Einstein y no están sujetas al principio de exclusión de Pauli. Por ejemplo: el fotón para la fuerza electromagnética y el bosón W/Z para la interacción débil.

Calefacción del Plasma: Métodos para aumentar la energía cinética de las partículas en un plasma, esencial para experimentos de fusión.

Calor: La transferencia de energía térmica entre dos cuerpos a diferentes temperaturas. Fluye del cuerpo más caliente al más frío.

Cámara de Vacío: Una cámara de vacío es un entorno cerrado del cual se ha eliminado la mayor cantidad posible de partículas, incluyendo gases y otros contaminantes. Se utiliza en la investigación de plasmas para evitar interacciones no deseadas con el medio ambiente.

Campo Eléctrico: El campo eléctrico es una propiedad del espacio alrededor de una carga eléctrica que ejerce fuerzas eléctricas sobre otras cargas en su proximidad.

Campo Eléctrico: Un campo eléctrico es una región del espacio donde una carga de prueba experimentaría una fuerza eléctrica. Se representa mediante líneas de campo que indican la dirección y magnitud de la fuerza eléctrica en diferentes puntos. El campo eléctrico (E) en un punto es la fuerza eléctrica (F) experimentada por na carga de prueba (q) dividida por la magnitud de la carga (E=F/q).

Campo Escalar: Un campo escalar asigna un valor escalar (número) a cada punto del espacio. En física de partículas, el bosón de Higgs es un campo escalar.

Campo Magnético Terrestre: El campo magnético terrestre es generado por corrientes en el núcleo externo de la Tierra y es esencial para la orientación magnética de brújulas y animales migratorios.

Campo Magnético: Zona del espacio donde una fuerza magnética afecta a una partícula magnética. Puede ser generado por imanes o corrientes eléctricas.

Campo Terrestre: El campo magnético que rodea la Tierra, generado por corrientes eléctricas en el núcleo externo de hierro líquido.

Cantidad de Movimiento: El principio de conservación de la cantidad de movimiento (o impulso) establece que la cantidad total de movimiento en un sistema cerrado se conserva.

Capa Límite: La capa límite es la región cerca de la superficie de un objeto en movimiento donde la velocidad del fluido se reduce desde cero hasta la velocidad libre del flujo. Se ralentiza y se vuelve más laminar debido a la influencia de la fricción.

Carga Eléctrica: El principio de conservación de la carga eléctrica establece que la cantidad total de carga eléctrica en un sistema cerrado se conserva.

Centrípeta: Movimiento circular o curvilíneo que involucra una fuerza dirigida hacia el centro de la trayectoria.

Ciclo: Una serie de procesos que devuelve un sistema a su estado inicial, como en el ciclo de Carnot o el ciclo del agua en la naturaleza.

Cinemática: La cinemática se centra en la descripción matemática del movimiento sin considerar sus causas (fuerzas). Incluye conceptos como velocidad, aceleración y trayectoria.

Cinética de Gases: Estudio de las propiedades de los gases basado en el comportamiento de las partículas individuales que los componen, utilizando conceptos de la teoría cinética molecular. Desde el punto de vista estadístico, se analiza cómo las propiedades macroscópicas emergen de las características microscópicas de las partículas.

Colisionador de Partículas: Acelerador de partículas diseñado para hacer colisionar partículas a altas energías, permitiendo estudios más detallados de la estructura de la materia.

Colisiones: Las colisiones entre partículas subatómicas permiten estudiar sus propiedades y las interacciones fundamentales que rigen su comportamiento.

Compactificación: En la teoría de cuerdas, el proceso de "ocultar" ciertas dimensiones adicionales, permitiendo que solo las dimensiones observables se manifiesten en el universo observable. Se compactifican en escalas subatómicas, explicando por qué no las percibimos en nuestra escala cotidiana.

Compresible: Propiedad de un fluido que se puede comprimir, es decir, reducir su volumen bajo presión.

Computacional: La simulación computacional en fluidodinámica utiliza métodos numéricos para resolver ecuaciones que describen el movimiento de fluidos. Es esencial en el diseño de aerodinámica y sistemas hidráulicos.

Confinamiento de Quarks: Fenómeno en el cual los quarks individuales no pueden existir como partículas libres debido a la fuerte interacción nuclear. Se encuentran confinados dentro de hadrones como protones y neutrones.

Confinamiento: En el contexto de la fusión nuclear, el confinamiento se refiere a la capacidad de mantener el plasma a altas temperaturas y presiones el tiempo suficiente para que ocurra la fusión. Diferentes métodos, como el confinamiento magnético en dispositivos tokamak, se utilizan para lograr este objetivo.

Conservación: Los principios de conservación en mecánica clásica incluyen la conservación de la energía mecánica, la cantidad de movimiento y el momento angular en sistemas aislados.

Constante de Desintegración: La constante de desintegración es la tasa a la cual los átomos de un isótopo radiactivo específico se desintegran. Es característica de cada isótopo.

Constante Radiactiva: La constante radiactiva es la probabilidad de desintegración de un núcleo por unidad de tiempo.

Contracción de Longitud: Fenómeno en el cual la longitud de un objeto en movimiento se contrae en la dirección del movimiento según lo percibido por un observador en reposo.

Contracción Longitud: Otra predicción de la teoría de la relatividad, sugiere que la longitud de un objeto en movimiento se contrae en la dirección de su movimiento desde el punto de vista de un observador estacionario.

Contracción: La contracción de longitud es un efecto en el que los objetos en movimiento se contraen en la dirección del movimiento. Es otro resultado de la teoría de la relatividad.

Control de Variables: En un experimento, el control de variables implica mantener constantes algunas condiciones para aislar el efecto de la variable que se está estudiando.

Coordenadas: En el contexto de la relatividad de Einstein, las coordenadas son los parámetros que se utilizan para especificar la posición y el tiempo de un evento en el espacio-tiempo. Debido a la fusión del espacio y el tiempo en una entidad conocida como espacio-tiempo, las coordenadas no son independientes y se expresan comúnmente como un cuarteto de números, que incluyen tres coordenadas espaciales (longitud, anchura y altura) y una coordenada temporal. La elección de las coordenadas puede variar dependiendo del observador, lo que lleva a efectos como la dilatación del tiempo y la contracción de la longitud. La transformación de coordenadas entre observadores en movimiento relativo está descrita por las transformaciones de Lorentz

Corriente Eléctrica: La corriente eléctrica es el flujo de carga eléctrica a través de un conductor. Se mide en amperios y su dirección es del polo positivo al negativo. Es el flujo ordenado de electrones a través de un conductor, impulsado por la diferencia de potencial eléctrico.

Corriente: La corriente eléctrica es el flujo de carga eléctrica a través de un conductor. Se mide en amperios (A) y se calcula como la cantidad de carga (Q) que pasa por un punto en un intervalo de tiempo (t), expresada por la fórmula $I=Q/t$.

Coulomb: La ley de Coulomb establece la relación matemática entre las fuerzas eléctricas, cargas eléctricas y la distancia entre ellas. Describe cómo las fuerzas eléctricas actúan sobre partículas cargadas.

Criptografía Cuántica: La criptografía cuántica utiliza principios cuánticos para desarrollar sistemas de seguridad altamente seguros, aprovechando la imposibilidad teórica de copiar estados cuánticos.

Cromodinámica Cuántica (QCD): Teoría que describe la interacción entre quarks y gluones a través de la fuerza nuclear fuerte.

Cromodinámica: La cromodinámica cuántica (QCD) es la teoría cuántica de campos que describe la interacción fuerte entre quarks y gluones, las partículas portadoras de la fuerza.

Cuántica (física estadística): En la termodinámica cuántica se integra para describir el comportamiento estadístico de sistemas cuánticos. La teoría cuántica introduce principios como la superposición y la dualidad partícula-onda, que son fundamentales para entender el comportamiento de partículas a nivel cuántico. Al aplicar estos principios a sistemas múltiples, la física estadística cuántica aborda cómo se distribuyen las partículas cuánticas en un sistema y cómo evolucionan estadísticamente en el tiempo.

Cuántica de Campos: La cuántica de campos une la teoría cuántica con la teoría de campos, describiendo partículas como excitaciones de campos cuánticos.

Cuántica: Refiere a los principios y fenómenos relacionados con el comportamiento de partículas subatómicas. La mecánica cuántica describe la naturaleza dual de partículas y la incertidumbre asociada con sus propiedades.

Cuantización: El proceso de asignar valores cuantizados, generalmente discretos, a propiedades como energía o momento angular.

Cuantización: La cuantización se refiere a la discretización de propiedades físicas, como la energía, en valores cuantos, según la teoría cuántica.

Cuatro (Cuadrivector): En la relatividad, el cuadrivector describe eventos en el espacio-tiempo con cuatro coordenadas: tres espaciales y una temporal.

Cuatro Velocidad: Un concepto utilizado en la teoría de la relatividad que describe la posición y la velocidad de una partícula en el espacio-tiempo. Combina la velocidad en tres dimensiones con la del tiempo, creando un vector de cuatro componentes.

Cuerda Abierta/Cerrada: En la teoría de cuerdas, las cuerdas pueden ser abiertas (como segmentos) o cerradas (formando bucles), lo que influye en sus propiedades y comportamientos.

Cuerdas: En lugar de partículas puntuales, la teoría de cuerdas describe objetos fundamentales como cuerdas unidimensionales que vibran a diferentes frecuencias.

Curvatura Espacial: En la teoría de la relatividad general, la presencia de masa y energía en el espacio-tiempo curva el espacio a su alrededor. **Se trata de la deformación del espacio-tiempo alrededor de una masa, descrita por las ecuaciones de la relatividad general de Einstein.**

Decaimiento Alfa: Proceso en el cual un núcleo atómico emite una partícula alfa, que consiste en dos protones y dos neutrones. Este proceso reduce la masa y la carga del núcleo.

Decodificación Cuántica: En información cuántica, la decodificación se refiere al proceso de recuperar la información almacenada en un qubit sin perturbar su estado cuántico.

Decoherencia Cuántica: El proceso por el cual un sistema cuántico pierde su coherencia y superposición cuántica en un entorno y se comporta más clásicamente debido a la interacción con su entorno.

Decoherencia: Pérdida de la coherencia cuántica en un sistema debido a su interacción con el entorno, lo que lleva a la transición de un estado cuántico a un estado clásico.

De la Masa: El principio de conservación de la masa establece que la masa total de un sistema cerrado se conserva.

De la Paridad: El principio de conservación de la paridad establece que la paridad (inversión de coordenadas espaciales) se conserva en ciertos tipos de interacciones físicas.

Desigualdad de Bell: Desigualdades que limitan la correlación de observables cuánticos, mostrando que ciertas predicciones de la mecánica cuántica son incompatibles con teorías físicas locales realistas.

Desintegración Beta: Tipo de desintegración radiactiva en la cual un neutrón se convierte en un protón, emitiendo un electrón (llamado beta negativo) y un antineutrino. Esto aumenta el número atómico del núcleo.

Desintegración: La desintegración es el cambio de un núcleo inestable a otro mediante la emisión de partículas o radiación.

Desperdicio Nuclear: El desperdicio nuclear son los residuos generados por la producción de energía nuclear. La gestión segura y el almacenamiento a largo plazo son desafíos asociados.

Deuterio: Isótopo del hidrógeno que se utiliza comúnmente en experimentos de fusión nuclear. propagación de las ondas en regiones donde la luz no debería llegar según la óptica clásica. Las ondas se doblan alrededor de obstáculos y se esparcen cuando pasan a través de aperturas pequeñas.

Difracción: La capacidad de las ondas para doblarse alrededor de obstáculos y esparcirse cuando pasan a través de aperturas pequeñas, creando patrones de interferencia.

Dilatación del Tiempo: Un efecto en el que el tiempo experimentado por un observador en movimiento relativo en comparación con un observador en reposo parece pasar más lentamente.

Dilatación Tiempo: Un fenómeno predicho por la teoría de la relatividad que indica que el tiempo pasa más lentamente para un observador en movimiento en relación con uno estacionario.

Dilatación: La dilatación del tiempo es un fenómeno en el que el tiempo parece pasar más lentamente para un observador en movimiento en comparación con uno en reposo. Es una consecuencia de la teoría de la relatividad.

Dimensión Adicional: En la teoría de cuerdas, se postulan dimensiones espaciales adicionales más allá de las tres que experimentamos cotidianamente, lo que permite explicar ciertos fenómenos físicos.

Dimensiones Adicionales: La teoría de cuerdas propone dimensiones adicionales más allá de las tres espaciales y una temporal tradicionales. Estas dimensiones son compactificadas y no son perceptibles a escalas macroscópicas, lo que permite explicar ciertos fenómenos físicos.

Dinámica Rotacional: La dinámica rotacional estudia el movimiento de rotación de objetos y cómo las fuerzas afectan la velocidad angular, considerando momentos de inercia, torque y leyes de movimiento angular.

Dinámica: La dinámica estudia las fuerzas y cómo afectan el movimiento de los objetos. Incluye conceptos como masa, aceleración y las leyes del movimiento de Newton.

Dipolo Magnético: Configuración magnética que presenta un polo norte y un polo sur. Los imanes típicamente exhiben dipolos que generan un campo magnético.

Diseño: El diseño experimental implica planificar la estructura y las condiciones de un experimento para obtener resultados confiables y significativos.

Distribución Normal: También conocida como campana de Gauss, es una función matemática que describe la probabilidad de ocurrencia de eventos en un conjunto de datos. Su forma característica simétrica es aplicable a fenómenos comunes y es central en estadísticas y teoría de la probabilidad.

Dualidad (Onda-Partícula): El concepto de que las partículas subatómicas, como electrones y fotones, pueden exhibir tanto comportamientos de partículas como de ondas, **dependiendo del contexto experimental.**

Dualidad de Cuerdas: Un principio en la teoría de cuerdas que sugiere que diferentes formulaciones matemáticas pueden describir el mismo fenómeno físico, proporcionando una visión más completa.

Dualidad: El concepto de que las partículas pueden exhibir tanto propiedades de partícula como de onda, dependiendo del contexto experimental. En la teoría de cuerdas sugiere que diferentes descripciones físicas pueden ser equivalentes. Por ejemplo, teorías que parecen distintas pueden ser manifestaciones diferentes de la misma teoría subyacente.

Ecuación de Bernoulli: La ecuación de Bernoulli describe la relación entre la presión, la velocidad y la altura de un fluido en movimiento. Es fundamental en la teoría de la fluidodinámica.

Ecuaciones de Navier-Stokes: Conjunto de ecuaciones diferenciales que describen el movimiento de un fluido. Son fundamentales en la dinámica de fluidos.

Ecuaciones de Onda: Las ecuaciones de onda describen cómo se propagan los campos electromagnéticos a través del espacio. Estas ondas incluyen tanto ondas eléctricas como magnéticas.

Efecto Biot-Savart: La ley de Biot-Savart describe cómo una corriente eléctrica en un conductor produce un campo magnético a su alrededor.

Efecto Casimir: El efecto Casimir es una fuerza cuántica de atracción entre dos placas conductoras cercanas en el vacío, causada por fluctuaciones del vacío y debido a la influencia de partículas virtuales.

Efecto Túnel: Fenómeno cuántico en el cual una partícula puede atravesar una barrera de energía que, según la física clásica, debería ser impenetrable.

Electrodébil: Unificación de las teorías electromagnética y débil en una sola teoría. Se logra a través del intercambio de bosones W y Z.

Electromagnética: La fuerza electromagnética es una fuerza fundamental que actúa entre partículas cargadas eléctricamente, como electrones y protones.

Electromagnetismo: La fuerza que engloba las interacciones eléctricas y magnéticas, unificadas en la teoría electromagnética de Maxwell.

Electromotriz: La fuerza electromotriz (fem) se refiere a la energía suministrada por unidad de carga en un circuito eléctrico. Es la "fuerza impulsora" detrás del flujo de corriente en un circuito.

Emisión Alfa: Tipo de desintegración que involucra la emisión de partículas alfa (núcleos de helio).

Emisión Beta: Tipo de desintegración que involucra la emisión de partículas beta (electrones o positrones).

Energía Interna: La suma de todas las formas de energía en un sistema, incluyendo la energía cinética y potencial de las partículas que lo componen.

Energía Oscura: Forma hipotética de energía que impulsa la expansión acelerada del universo.

Energía Potencial: La energía potencial es la energía almacenada en un objeto debido a su posición en un campo de fuerza, como la energía gravitacional o elástica.

Energía: La capacidad de realizar trabajo o causar cambios. Se presenta en diversas formas, como térmica, cinética, potencial y y su conservación es una ley fundamental.

Energía: (La ley de conservación) de la energía establece que la cantidad total de energía en un sistema cerrado permanece constante con el tiempo.

Energía Oscura: Una forma hipotética de energía que podría estar causando la aceleración de la expansión del universo.

Ensemble Canónico: El ensemble canónico es un conjunto de sistemas termodinámicos con energía y volumen fijos en contacto térmico con un baño térmico.

Entalpía: Una medida de la cantidad total de energía en un sistema termodinámico, incluyendo la energía interna y la presión volumétrica.

Entrelazamiento: Una conexión cuántica entre partículas donde el estado de una partícula afecta instantáneamente el estado de otra, independientemente de la distancia entre ellas.

Entrelazamiento Cuántico: Fenómeno cuántico en el cual dos o más partículas se entrelazan de manera que el estado de una partícula está directamente relacionado con el estado de la otra, incluso si están separadas por grandes distancias.

Entropía Boltzmann: La fórmula de la entropía de Boltzmann relaciona la entropía de un sistema con la probabilidad de encontrarlo en un estado específico. Cuanto mayor sea el número de microestados correspondientes a un estado macroscópico, mayor será la entropía.

Entropía Cuántica: La entropía cuántica mide la cantidad de incertidumbre o desorden en un sistema cuántico.

Entropía de Shannon: En teoría de la información, la entropía de Shannon mide la cantidad promedio de incertidumbre en un conjunto de datos o sistema. Cuanto mayor es la entropía, mayor es la incertidumbre o desorden. Es fundamental en la teoría de la información y codificación.

Entropía: La entropía es una medida de la cantidad de desorden o caos en un sistema. En termodinámica estadística, se relaciona con el número de microestados posibles que corresponden a un estado macroscópico específico. A medida que aumenta la entropía, se incrementa la incertidumbre sobre el estado exacto del sistema.

Equipartición: La equipartición es el principio que establece que la energía se distribuye equitativamente entre todas las grados de libertad de un sistema en equilibrio térmico. Esto implica que cada modo de vibración o movimiento contribuye por igual a la energía total.

Error: Desviación entre el valor medido y el valor real. La gestión del error es crucial en la física experimental para garantizar resultados precisos y confiables.

Espacio: En el contexto de la relatividad, el espacio está vinculado al tiempo en una entidad conocida como espacio-tiempo. Las dimensiones espaciales se entrelazan con el tiempo, creando una estructura dinámica.

Espacio-Tiempo: En la teoría de la relatividad, el espacio y el tiempo se combinan en una entidad de cuatro dimensiones llamada espacio-tiempo. Describe la ubicación y el tiempo de un evento en el universo. Es la fusión conceptual del espacio y el tiempo como una entidad cuatridimensional, donde los eventos en el universo se describen en términos de coordenadas espacio-temporales.

Espectro Electromagnético: El espectro electromagnético abarca todas las longitudes de onda de las ondas electromagnéticas, desde ondas de radio hasta rayos gamma. Incluye categorías como ondas de radio, microondas, infrarrojo, luz visible, rayos X y gamma.

Espectro: El espectro se refiere a la descomposición de la luz en sus componentes según la frecuencia. Puede manifestarse como un espectro continuo o uno discreto, como en el espectro de emisión o absorción.

Espectro: El espectro se refiere a la distribución de alguna propiedad, como la radiación, según su frecuencia o longitud de onda. Puede aplicarse a diversas formas de ondas, como luz o radio.

Estadística: Aplicación de métodos estadísticos para analizar datos experimentales y obtener conclusiones significativas.

Estado Cuántico: Descripción matemática de las propiedades cuánticas de un sistema. Puede representar la posición, el momento y otros atributos de una partícula.

Estado Cuántico: La descripción completa de un sistema cuántico en un momento dado, que incluye información sobre sus propiedades y comportamientos. **Se expresa mediante una función de onda.**

Estado Microscópico: Configuración precisa y detallada de un sistema a nivel microscópico, describiendo las posiciones y momentos de todas sus partículas.

Estado: En el contexto de los campos cuánticos, el estado cuántico describe completamente el sistema y sus propiedades. Puede representarse mediante funciones de onda matemáticas.

Estados Cuánticos: Los estados cuánticos describen las condiciones cuánticas de un sistema. Pueden existir en múltiples estados simultáneamente debido a la superposición cuántica.

Estocástico: Proceso o fenómeno aleatorio que involucra la aleatoriedad o incertidumbre en su evolución temporal. Relativo a sistemas que evolucionan de manera probabilística en lugar de determinística. Los modelos estocásticos son esenciales para describir sistemas donde la certeza es limitada.

Expansión del Universo: Observación de que las galaxias se alejan unas de otras, indicando que el universo se está expandiendo.

Experimento: Un experimento es un procedimiento controlado para obtener datos y validar o refutar hipótesis científicas.

Faraday: En honor a Michael Faraday, este término se asocia con fenómenos de inducción electromagnética, donde un cambio en el flujo magnético induce una corriente eléctrica.

Fermiones: Los fermiones son partículas subatómicas con espín semientero, como electrones y quarks. Siguen la estadística de Fermi-Dirac. Obedecen el principio de exclusión de Pauli, como electrones y quarks.

Fermiones: Partículas subatómicas que siguen la estadística de Fermi-Dirac y obedecen el principio de exclusión de Pauli. Ejemplos incluyen electrones, protones y neutrones.

Ferromagnético: Tipo de material magnético que muestra fuertes interacciones entre los dipolos magnéticos, manteniendo la magnetización incluso después de retirar un campo magnético

Fibra Óptica: Las fibras ópticas son hilos delgados de vidrio o plástico que transmiten luz. Se utilizan en comunicaciones para transmitir datos mediante pulsos de luz.

Física Cuántica: La física cuántica es una rama de la física que estudia el comportamiento de las partículas subatómicas y las interacciones a escalas muy pequeñas. La física cuántica revoluciona nuestra comprensión del mundo subatómico, desafiando las intuiciones clásicas y proporcionando un marco teórico para fenómenos inexplicables mediante la física clásica. Introduce principios como la superposición y la dualidad partícula-onda.

Fisión (Nuclear): Proceso nuclear en el cual un núcleo pesado se divide en dos o más núcleos más ligeros, liberando energía.

Flujo Laminar: El flujo laminar es un tipo de movimiento fluido caracterizado por capas ordenadas de partículas que fluyen en paralelo, con poco o ningún intercambio turbulento. **Es típico a bajas velocidades.**

Flujo Turbulento: El flujo turbulento es caracterizado por movimientos caóticos y desordenados del fluido, con remolinos y vórtices que pueden causar mezcla eficiente. Ocurre a velocidades más altas y está presente en muchos fenómenos naturales.

Fotodiodo: Un fotodiodo es un dispositivo semiconductor que convierte la luz en corriente eléctrica, utilizado en detectores de luz y sistemas optoelectrónicos.

Fotones y Quanta: Los fotones son partículas cuánticas de luz. El término "quanta" se refiere a las unidades discretas de energía que caracterizan a las partículas en la mecánica cuántica.

Fricción: La fricción es una fuerza resistente al movimiento relativo entre dos superficies en contacto. Puede ser estática, cinética o viscosa.

Fuerza (Ampère): Una ley de la electrodinámica que describe la fuerza magnética entre dos corrientes eléctricas paralelas.

Fuerza Electromotriz (FEM): La fuerza electromotriz es la energía suministrada por una fuente de energía, para impulsar el flujo de corriente en un circuito. Se mide en voltios (V) y se representa como E en las ecuaciones.

Fuerza Magnética: La fuerza ejercida entre objetos magnéticos o entre un objeto magnético y una corriente eléctrica.

Fuerza Magnética: Fuerza ejercida entre objetos magnéticos o entre un objeto magnético y una corriente eléctrica. La fuerza magnética actúa sobre partículas cargadas en movimiento en un campo magnético. Es una de las fuerzas fundamentales de la naturaleza.

Fuerza: (Ley de Fuerza y Aceleración): La aceleración de un objeto es directamente proporcional a la fuerza neta que actúa sobre él e inversamente proporcional a su masa. La ecuación asociada es $F=ma$, donde F es la fuerza neta, m es la masa del objeto y a es la aceleración resultante.

Fuerza: En física, la fuerza se define como cualquier interacción que pueda cambiar el estado de movimiento o deformar un objeto. Se mide en newtons y puede ser una fuerza resultante de varias interacciones, como la fuerza gravitatoria, electromagnética o nuclear.

Función Partición: En termodinámica estadística, la función partición es una herramienta matemática utilizada para calcular diversas propiedades macroscópicas de un sistema, como la energía interna o la capacidad calorífica.

Fusión Controlada: La fusión nuclear controlada busca replicar las reacciones nucleares que ocurren en el sol para generar energía. Aún se encuentra en fase de investigación y desarrollo.

Fusión Fría: La fusión fría es un concepto controvertido que sugiere la posibilidad de lograr la fusión nuclear a temperaturas más bajas que las requeridas en enfoques convencionales. Sin embargo, la viabilidad de la fusión fría ha sido objeto de debate y escepticismo en la comunidad científica.

Fusión Nuclear: La fusión nuclear es el proceso mediante el cual dos núcleos atómicos se combinan para formar un núcleo más oesado, liberando una gran cantidad de energía.

Fusión Por Láser: Un método experimental que utiliza pulsos láser para generar condiciones extremas necesarias para la fusión nuclear. Los láseres generan temperaturas y presiones intensas para iniciar la fusión en pequeñas cápsulas de combustible.

Fusión Sostenida: Se refiere al objetivo de mantener un proceso de fusión nuclear de manera continua, lo que permitiría la generación constante de energía, produciendo más energía de la que se consume. Este es un desafío técnico significativo en la investigación de la fusión controlada.

Fusión: Proceso de combinación de núcleos ligeros para formar un núcleo más pesado, liberando energía en el proceso.

Gamma: La radiación gamma consiste en fotones gamma de alta energía emitidos durante procesos nucleares. Es ionizante y puede penetrar profundamente en la materia.

Gas Ideal: Un gas ideal es un modelo teórico que describe el comportamiento de un gas bajo ciertas condiciones ideales. Se asume que las partículas del gas no tienen volumen y no interactúan entre sí, simplificando los cálculos en problemas de termodinámica.

Grandes Números: Este principio sostiene que en sistemas con un gran número de elementos, los resultados promedio tienden a estabilizarse y converger hacia los valores esperados. En esencia, proporciona un marco para comprender el comportamiento colectivo en sistemas complejos, donde la variabilidad aleatoria se disipa con el tamaño del sistema.

Gravedad de Bucles: Un enfoque en la teoría de cuerdas que aborda la gravedad y busca reconciliarla con otras fuerzas fundamentales de manera más coherente.

Gravedad en la Teoría de Cuerdas: La teoría de cuerdas busca unificar la gravedad con otras fuerzas fundamentales, proporcionando una descripción cuántica de la gravedad.

Gravedad: La fuerza atractiva entre masas que se manifiesta como la tendencia de los objetos a ser atraídos hacia el centro de la Tierra.

Gravitación Universal (Leyes de Newton): La ley de la gravitación universal establece que cada partícula de materia en el universo atrae a cada otra partícula con una fuerza directamente proporcional al producto de sus masas e inversamente proporcional al cuadrado de la distancia que las separa. Relación con las Leyes de Newton: La ley de la gravitación universal es una de las leyes fundamentales de la física y proporciona una explicación de las fuerzas gravitatorias entre los cuerpos celestes. La masa de los objetos, como mencionado en la segunda ley de Newton, influye en la fuerza gravitatoria que experimentan.

Gravitación: Fuerza de atracción mutua entre objetos con masa. Se describe en la teoría de la relatividad general de Einstein.

Gravitacional: La fuerza gravitacional es la atracción mutua entre masas y es responsable de la caída de los objetos y el movimiento de los planetas.

HeTres y Deuterio: El helio-3 (He-3) y el deuterio son isótopos del hidrógeno utilizados en procesos de fusión nuclear. Estos isótopos reaccionan en condiciones específicas para producir helio y liberar energía.

Hidrodinámica: La hidrodinámica es la rama de la fluidodinámica que se centra en el estudio del movimiento de los fluidos, especialmente del agua, y sus interacciones con objetos sumergidos. También incluyen líquidos y gases, y cómo interactúan con sólidos en movimiento.

Hidrodinámica: La hidrodinámica estudia el movimiento de los fluidos, incluyendo líquidos y gases, y cómo interactúan con sólidos en movimiento.

Holografía: La holografía es una técnica de registro de la luz que permite almacenar información tridimensional. Las imágenes holográficas pueden visualizarse en 3D mediante la grabación de patrones de interferencia.

Imanes: Los imanes generan campos magnéticos y pueden atraer o repeler materiales ferromagnéticos. Son fundamentales en aplicaciones tecnológicas y médicas.

Imanes: Objetos que tienen la capacidad de generar un campo magnético a su alrededor y de atraer o repeler materiales magnéticos.

Incertidumbre: El principio de indeterminación de Heisenberg, que establece que no se pueden conocer simultáneamente con precisión la posición y el momento de una partícula.

Inducción Magnética: La inducción magnética se refiere al proceso mediante el cual un material ferromagnético se magnetiza al ser expuesto a un campo magnético externo.

Inducción: La generación de una corriente eléctrica en un circuito debido a un cambio en el flujo magnético, como en la ley de Faraday.

Inercia Rotacional: La inercia rotacional se refiere a la tendencia de un objeto a resistir cambios en su estado de rotación. Esta propiedad depende de la distribución de masa y se expresa mediante el momento de inercia, que es análogo a la masa en la cinemática lineal.

Inercia: (Ley de la Inercia): Un objeto permanecerá en reposo o en movimiento rectilíneo uniforme a menos que una fuerza externa actúe sobre él. Esta ley destaca el concepto de inercia, la resistencia de un objeto a cambiar su estado de movimiento.

Inercial: Método de confinamiento de plasmas para la fusión nuclear que implica el uso de campos magnéticos y compresión inercial.

Infrarrojo: Categoría del espectro electromagnético con longitudes de onda y frecuencias específicas. Las ondas infrarrojas tienen longitudes de onda más largas que la luz visible. El infrarrojo está asociado con la transferencia de calor y se utilizan en tecnologías como sensores térmicos y controles remotos.

Instrumentación: La instrumentación se refiere a los dispositivos y herramientas utilizados para medir y registrar datos en experimentos científicos.

Interacción Débil: La fuerza nuclear débil involucrada en ciertos procesos de desintegración nuclear.

Interacción Fuerte: La fuerza nuclear fuerte que mantiene unidos los protones y neutrones en el núcleo atómico.

Interacción Nuclear: Un término general que engloba tanto las fuerzas fuertes como débiles que operan a nivel nuclear.

Interacciones Nucleares: Describen las fuerzas y procesos que afectan a los nucleones (protones y neutrones) en el núcleo atómico.

Interacciones: Las fuerzas y procesos que ocurren entre partículas subatómicas, incluyendo la fuerza electromagnética, la fuerza nuclear fuerte, la fuerza nuclear débil y la gravedad.

Interacciones: Las interacciones describen cómo las partículas elementales se influyen entre sí, mediadas por diferentes tipos de bosones.

Intercambio de Bosones: Los bosones mediadores, como el gluón (para la fuerza fuerte), los bosones W y Z (para la fuerza débil) y el fotón (para la fuerza electromagnética), son partículas que transmiten las interacciones entre partículas.

Interferencia: El patrón resultante de la superposición de dos o más ondas que se combinan en un punto específico del espacio, ya sea reforzándose mutuamente (interferencia constructiva) o cancelándose (interferencia destructiva).

Interferómetro: Un interferómetro es un dispositivo óptico que utiliza la interferencia de las ondas de luz para medir longitudes de onda y distancias con alta precisión.

Inversa: En el contexto de cinemática avanzada, puede referirse a operaciones matemáticas inversas para resolver ecuaciones de movimiento.

Isótopo Radiactivo: Un isótopo radiactivo es una variante de un elemento con un núcleo inestable que se desintegra, liberando radiación.

Isótopos Artificiales: Aquellos isótopos que no se encuentran naturalmente en la Tierra y se producen mediante actividades humanas, como reacciones nucleares en reactores.

Isótopos Estables: Átomos que no experimentan desintegración radioactiva y tienen una composición nuclear constante en el tiempo. **Sus núcleos son inherentemente estables y no sufren cambios espontáneos.**

Isótopos: Son variantes de un elemento con el mismo número de protones pero diferente número de neutrones.

Láser: Dispositivo que utiliza la amplificación de la luz por emisión estimulada de radiación para generar un haz coherente y focalizado de luz.

Lente Convergente: Una lente que enfoca la luz paralela que incide sobre ella en un punto focal después de la refracción.

Lente Divergente: Una lente que dispersa la luz paralela que incide sobre ella.

Lentes: Las lentes ópticas son dispositivos transparentes que refractan la luz, utilizadas en sistemas ópticos para enfocar y desviar los rayos luminosos.

Leptones: Los leptones son partículas subatómicas que incluyen electrones, muones y neutrinos. A diferencia de los quarks, los leptones no experimentan la interacción fuerte y son fundamentales en el Modelo Estándar.

Leptones: Otra clase de partículas subatómicas, como el electrón y el neutrino, que no experimentan la fuerza nuclear fuerte.

Ley Biot-Savart: La Ley Biot-Savart describe el campo magnético creado por una corriente eléctrica en un punto específico en el espacio. La fórmula matemática es compleja e implica la corriente, la distancia y la dirección.

Ley Boyle-Mariotte: Establece que, a temperatura constante, la presión de un gas es inversamente proporcional a su volumen.

Ley de Ampère: Establece cómo las corrientes eléctricas generan campos magnéticos alrededor de ellas. La ley de Ampère describe la relación entre la corriente eléctrica y el campo magnético que produce alrededor de un conductor.

Ley de Biot-Savart: Esta ley describe cómo una corriente eléctrica en un conductor produce un campo magnético alrededor de ese conductor. Es fundamental para entender la relación entre corriente eléctrica y magnetismo.

Ley de Boyle-Mariotte: Una ley de la termodinámica que establece que, a temperatura constante, el volumen de un gas es inversamente proporcional a su presión.

Ley de Coulomb: La Ley de Coulomb describe la interacción eléctrica entre dos cargas puntuales. Establece que la fuerza eléctrica entre dos cargas es directamente proporcional al producto de sus magnitudes e inversamente proporcional al cuadrado de la distancia entre ellas.

Ley de Faraday: La ley de Faraday establece que un cambio en el flujo magnético a través de un circuito induce una corriente eléctrica en ese circuito.

Ley de Ohm: La Ley de Ohm describe la relación entre la corriente eléctrica (I), la tensión (V), y la resistencia (R) en un circuito. La fórmula es $V=I*R$, indicando que la tensión es igual al producto de la corriente y la resistencia.

Ley Gauss Eléctrico: La ley Gauss para el campo eléctrico establece que el flujo eléctrico a través de una superficie cerrada es proporcional a la carga neta dentro de esa superficie.

Ley Gauss Magnético: La ley Gauss para el campo magnético establece que el flujo magnético neto a través de cualquier superficie cerrada es igual a cero, ya que no existen monopolos magnéticos.

Leyes (de la Termodinámica): Principios fundamentales que rigen la transferencia de energía y la dirección de los procesos en sistemas termodinámicos.

Leyes de Kepler: Estas leyes describen los movimientos planetarios alrededor del Sol relacionando órbitas elípticas, áreas iguales y períodos.. La primera ley establece que los planetas se mueven en órbitas elípticas con el Sol en uno de los focos. La segunda ley describe áreas iguales en tiempos iguales. La tercera ley establece una relación entre los períodos y los semiejes mayores de las órbitas.

Leyes de la Mecánica: Las leyes de la mecánica clásica, especialmente las leyes de Newton, son fundamentales para entender el comportamiento de objetos en reposo o en movimiento.

Leyes de Newton: Las leyes del movimiento de Newton describen la relación entre el movimiento de un objeto y las fuerzas que actúan sobre él. Incluyen la ley de la inercia, la ley de la fuerza y la ley de acción y reacción.

Leyes Maxwell: El conjunto completo de cuatro ecuaciones de Maxwell, que describen las leyes fundamentales del electromagnetismo.

Leyes: Principios fundamentales que rigen el comportamiento de la energía y la materia en sistemas físicos. Ejemplos incluyen la ley de conservación de la energía y la ley cero de la termodinámica.

Longitud de Onda: La distancia entre dos crestas consecutivas o dos valles consecutivos en una onda.

Luz Monocromática: La luz monocromática consta de una sola longitud de onda y un solo color. Es utilizada en experimentos científicos y en tecnologías específicas.

Luz Visible: La luz visible es la porción del espectro electromagnético que el ojo humano puede percibir. Se extiende desde el violeta hasta el rojo. Desde longitudes de onda aproximadamente 380 nm (violeta) hasta 750 nm (rojo).

Magnético (Terrestre): El campo magnético natural que rodea la Tierra, generado principalmente por corrientes en el núcleo externo de hierro fundido.

Magnetización: Intensidad del campo magnético inducido en un material en respuesta a un campo magnético externo.

Magnetohidrodinámica: La magnetohidrodinámica estudia el comportamiento de los plasmas, que son gases ionizados, en presencia de campos magnéticos y fluidos.

Máquinas: Las máquinas en mecánica son dispositivos diseñados para realizar trabajo al modificar la magnitud o la dirección de una fuerza aplicada. Incluyen palancas, poleas y engranajes.

Masa (Leyes de Newton): La masa es una medida de la cantidad de materia en un objeto. Es una propiedad escalar que proporciona la medida cuantitativa de la inercia del objeto, es decir, su resistencia al cambio en su estado de movimiento. Relación con las Leyes de Newton: La masa es un componente fundamental en la segunda ley de Newton ($F = m * a$). La fuerza aplicada a un objeto es directamente proporcional a su masa y a la aceleración que experimenta. Esto implica que objetos más masivos requerirán más fuerza para producir la misma aceleración que objetos menos masivos.

Masa-Energía: La famosa ecuación $E=mc2$, que establece la equivalencia entre la masa y la energía, mostrando que la masa puede convertirse en energía y vice**rsa.**

Mecánica Cuántica: El marco teórico que describe el comportamiento de las partículas a escalas cuánticas, incluyendo la superposición y la entrelazamiento cuántico.

Mecánica Estadística: La mecánica estadística aplica conceptos estadísticos para entender el comportamiento de sistemas con un gran número de partículas.

Medicina Nuclear: La medicina nuclear utiliza isótopos radiactivos para el diagnóstico y tratamiento de enfermedades. La radiografía, la gammagrafía y la terapia con radiación son aplicaciones comunes.

Método Científico: Enfoque sistemático para investigar fenómenos naturales, que incluye observación, formulación de hipótesis, experimentación, análisis de datos y conclusión.

MHD (Magnetohidrodinámica): La magnetohidrodinámica es una disciplina que estudia la interacción entre campos magnéticos y fluidos conductivos. En el contexto de la fusión, la MHD es esencial para comprender y controlar la dinámica del plasma.

Microondas: Categoría del espectro electromagnético con longitudes de onda y frecuencias específicas. Ondas más cortas que las de las ondas de radio pero más largas que las de la luz infrarroja. Las microondas se usan, en diversas áreas, como comunicaciones inalámbricas y cocinas.

Microscópico: Hace referencia a fenómenos o propiedades observables a una escala muy pequeña, como las partículas subatómicas. La observación de lo microscópico a menudo requiere técnicas avanzadas, como microscopios.

Microscopio: Instrumento óptico que utiliza lentes para ampliar y visualizar objetos demasiado pequeños para ser vistos a simple vista.

Modelo de Ising: El modelo de Ising es un modelo teórico de mecánica estadística que describe la magnetización en sistemas ferromagnéticos.

Modelo Estándar: Marco teórico que describe las partículas y fuerzas fundamentales conocidas en la física de partículas.

Modelo Nuclear: Descripción teórica que explica la estructura y comportamiento de los núcleos atómicos.

Modelo Potts: En física estadística, el modelo de Potts generaliza el modelo de Ising y describe sistemas con múltiples estados posibles para cada sitio en una red. Es utilizado en la teoría de transiciones de fase.

Momento Angular: Es una cantidad vectorial que representa la cantidad de rotación de un objeto alrededor de un eje específico. El momento angular se conserva en sistemas aislados sin torque externo, lo que se conoce como la ley de conservación del momento angular.

Momento: En el contexto de la cinemática avanzada, se refiere al momento angular, que es una medida de la cantidad de rotación de un objeto.

Momento Lineal: El principio de conservación del momento lineal establece que la cantidad total de momento lineal en un sistema cerrado se conserva.

Movimiento: El movimiento se refiere al cambio de posición de un objeto en el espacio en relación con un punto de referencia. La cinemática avanzada estudia el movimiento de los cuerpos, describiendo posición, velocidad y aceleración sin considerar las fuerzas involucradas.

No Clonación: Principio cuántico que establece que no es posible crear copias exactas de un estado cuántico desconocido.

Normal (Distribución Normal): Distribución estadística que describe la probabilidad de ocurrencia de eventos en una campana de forma simétrica.

Nuclear Débil: Fuerza responsable de ciertos procesos de decaimiento radiactivo. Implica la transformación de un tipo de partícula subatómica en otra.

Nuclear Fuerte: Fuerza que mantiene unidos los nucleones (protones y neutrones) en el núcleo atómico. Es una de las cuatro fuerzas fundamentales de la naturaleza.

Núcleo Atómico: La región central densa y cargada positivamente de un átomo, compuesta principalmente por protones y neutrones.

Núcleo: El núcleo atómico es la región central de un átomo que contiene protones y neutrones. Es la parte responsable de la mayor parte de la masa del átomo.

Ohm: La ley de Ohm establece la relación entre la corriente eléctrica (I), la resistencia eléctrica (R) y el voltaje (V) en un circuito eléctrico: $I = V/R$.

Onda Estacionaria: Formada por la superposición de ondas incidentes y reflejadas que tienen la misma frecuencia y amplitud. Las ondas estacionarias no se desplazan.

Ondas de Radio: Categoría del espectro electromagnético con longitudes de onda y frecuencias específicas. Las ondas de radio se utilizan en comunicaciones

Operadores: En mecánica cuántica, los operadores son herramientas matemáticas que actúan sobre funciones de onda para proporcionar información sobre propiedades cuánticas como posición, momento y energía.

Óptica Adaptativa: La óptica adaptativa corrige las distorsiones atmosféricas en la observación astronómica mediante la deformación controlada de espejos, mejorando la calidad de las imágenes.

Óptica Geométrica: La óptica geométrica es una rama de la óptica que se centra en el estudio de la propagación de la luz y cómo interactúa con superficies y medios, sin tener en cuenta los aspectos ondulatorios de la luz.

Optoelectrónica: Campo que combina la óptica y la electrónica para desarrollar dispositivos que responden y controlan la luz, como sensores, láseres y las comunicaciones por fibra óptica.

Oscilación: Movimiento repetitivo de una partícula alrededor de una posición de equilibrio central. En ondas, se refiere al movimiento hacia adelante y hacia atrás de la onda.

Paramagnético: Material que, en presencia de un campo magnético externo, experimenta un aumento débil de la magnetización pero no retiene la magnetización cuando se retira el campo.

Partícula Cargada: En plasmas, las partículas cargadas, como electrones e iones, responden a campos magnéticos y eléctricos, influenciando el comportamiento del plasma.

Partícula Mediadora: Partícula que transmite la interacción entre otras partículas. Por ejemplo, los gluones, fotones y bosones W y Z cumplen esta función.

Partícula Onda: El principio de dualidad describe la naturaleza dual de las partículas subatómicas, que pueden exhibir tanto comportamientos de partículas como de ondas.

Partícula Subatómica: Una partícula más pequeña que un átomo, como protones, neutrones y electrones, que constituyen la materia.

Partícula: Una entidad fundamental que constituye la materia. Puede referirse tanto a partículas subatómicas como a partículas elementales. **En el contexto nuclear, se refiere a protones, neutrones y otras partículas subatómicas presentes en el núcleo.**

Péndulo: Un péndulo es un objeto suspendido que puede oscilar hacia adelante y hacia atrás bajo la influencia de la gravedad. La dinámica de un péndulo está determinada por factores como su longitud y la aceleración debida a la gravedad.

Plano Cóncavo: Un tipo de superficie reflectante o refractante que es curva hacia adentro, similar a la superficie interna de una cuchara.

Plasma: El plasma es un estado de la materia compuesto por partículas cargadas (iones y electrones) que exhiben comportamiento colectivo y en el cual los átomos han perdido electrones. Es común en estrellas y experimentos de fusión nuclear.

Plasma: Es un estado de la materia compuesto por partículas cargadas (iones y electrones) que exhiben comportamiento colectivo.

Polarización: La polarización es la orientación de las oscilaciones de una onda electromagnética. En óptica, se refiere a la dirección de oscilación de la luz, un fenómeno explotado en gafas de sol polarizadas.

Potencia: La potencia es la tasa de trabajo realizado o la tasa de transferencia de energía. Se relaciona con la fuerza aplicada y la velocidad.

Potencial Eléctrico: El potencial eléctrico es la cantidad de energía potencial eléctrica por unidad de carga en un punto dado en un campo eléctrico. Mide la capacidad de un campo eléctrico para realizar trabajo en una carga eléctrica. Se mide en voltios y determina el trabajo necesario para mover una carga entre dos puntos. Se relaciona con la fuerza eléctrica a través de la relación $V=U/q$, donde V es el potencial eléctrico, U es la energía potencial eléctrica y q es la carga.

Potts: Modelo de Potts: Un modelo en la teoría de probabilidad y termodinámica estadística que se utiliza para describir sistemas con estados discretos y transiciones de fase.

Principio de Incertidumbre: Formulado por Heisenberg, establece que es imposible conocer simultáneamente con precisión la posición y el momento (cantidad de movimiento) de una

Principio de Pascal: El principio de Pascal establece que un cambio de presión aplicado a un fluido incompresible en un punto se transmite de manera uniforme en todas las direcciones.

Principios de Conservación:

Prismas: Dispositivos ópticos con superficies planas que refractan la luz, descomponiéndola en sus componentes espectrales.

Proceso Reversible: Un proceso reversible es aquel que puede invertirse sin pérdida de energía. En estos procesos, el sistema pasa por una serie de estados de equilibrio y su entropía permanece constante.

Publicación: Comunicación de resultados experimentales a través de artículos científicos revisados por pares, contribuyendo al conocimiento colectivo en la comunidad científica.

Modelo Nuclear: Descripción teórica que explica la estructura y comportamiento de los núcleos atómicos.

Modelo Potts: En física estadística, el modelo de Potts generaliza el modelo de Ising y describe sistemas con múltiples estados posibles para cada sitio en una red. Es utilizado en la teoría de transiciones de fase.

Momento Angular: Es una cantidad vectorial que representa la cantidad de rotación de un objeto alrededor de un eje específico. El momento angular se conserva en sistemas aislados sin torque externo, lo que se conoce como la ley de conservación del momento angular.

Momento: En el contexto de la cinemática avanzada, se refiere al momento angular, que es una medida de la cantidad de rotación de un objeto.

Momento Lineal: El principio de conservación del momento lineal establece que la cantidad total de momento lineal en un sistema cerrado se conserva.

Movimiento: El movimiento se refiere al cambio de posición de un objeto en el espacio en relación con un punto de referencia. La cinemática avanzada estudia el movimiento de los cuerpos, describiendo posición, velocidad y aceleración sin considerar las fuerzas involucradas.

No Clonación: Principio cuántico que establece que no es posible crear copias exactas de un estado cuántico desconocido.

Normal (Distribución Normal): Distribución estadística que describe la probabilidad de ocurrencia de eventos en una campana de forma simétrica.

Nuclear Débil: Fuerza responsable de ciertos procesos de decaimiento radiactivo. Implica la transformación de un tipo de partícula subatómica en otra.

Nuclear Fuerte: Fuerza que mantiene unidos los nucleones (protones y neutrones) en el núcleo atómico. Es una de las cuatro fuerzas fundamentales de la naturaleza.

Núcleo Atómico: La región central densa y cargada positivamente de un átomo, compuesta principalmente por protones y neutrones.

Núcleo: El núcleo atómico es la región central de un átomo que contiene protones y neutrones. Es la parte responsable de la mayor parte de la masa del átomo.

Ohm: La ley de Ohm establece la relación entre la corriente eléctrica (I), la resistencia eléctrica (R) y el voltaje (V) en un circuito eléctrico: $I = V/R$.

Onda Estacionaria: Formada por la superposición de ondas incidentes y reflejadas que tienen la misma frecuencia y amplitud. Las ondas estacionarias no se desplazan.

Ondas de Radio: Categoría del espectro electromagnético con longitudes de onda y frecuencias específicas. Las ondas de radio se utilizan en comunicaciones

Operadores: En mecánica cuántica, los operadores son herramientas matemáticas que actúan sobre funciones de onda para proporcionar información sobre propiedades cuánticas como posición, momento y energía.

Óptica Adaptativa: La óptica adaptativa corrige las distorsiones atmosféricas en la observación astronómica mediante la deformación controlada de espejos, mejorando la calidad de las imágenes.

Óptica Geométrica: La óptica geométrica es una rama de la óptica que se centra en el estudio de la propagación de la luz y cómo interactúa con superficies y medios, sin tener en cuenta los aspectos ondulatorios de la luz.

Optoelectrónica: Campo que combina la óptica y la electrónica para desarrollar dispositivos que responden y controlan la luz, como sensores, láseres y las comunicaciones por fibra óptica.

Oscilación: Movimiento repetitivo de una partícula alrededor de una posición de equilibrio central. En ondas, se refiere al movimiento hacia adelante y hacia atrás de la onda.

Paramagnético: Material que, en presencia de un campo magnético externo, experimenta un aumento débil de la magnetización pero no retiene la magnetización cuando se retira el campo.

Partícula Cargada: En plasmas, las partículas cargadas, como electrones e iones, responden a campos magnéticos y eléctricos, influenciando el comportamiento del plasma.

Partícula Mediadora: Partícula que transmite la interacción entre otras partículas. Por ejemplo, los gluones, fotones y bosones W y Z cumplen esta función.

Partícula Onda: El principio de dualidad describe la naturaleza dual de las partículas subatómicas, que pueden exhibir tanto comportamientos de partículas como de ondas.

Partícula Subatómica: Una partícula más pequeña que un átomo, como protones, neutrones y electrones, que constituyen la materia.

Partícula: Una entidad fundamental que constituye la materia. Puede referirse tanto a partículas subatómicas como a partículas elementales. **En el contexto nuclear, se refiere a protones, neutrones y otras partículas subatómicas presentes en el núcleo.**

Péndulo: Un péndulo es un objeto suspendido que puede oscilar hacia adelante y hacia atrás bajo la influencia de la gravedad. La dinámica de un péndulo está determinada por factores como su longitud y la aceleración debida a la gravedad.

Plano Cóncavo: Un tipo de superficie reflectante o refractante que es curva hacia adentro, similar a la superficie interna de una cuchara.

Plasma: El plasma es un estado de la materia compuesto por partículas cargadas (iones y electrones) que exhiben comportamiento colectivo y en el cual los átomos han perdido electrones. Es común en estrellas y experimentos de fusión nuclear.

Plasma: Es un estado de la materia compuesto por partículas cargadas (iones y electrones) que exhiben comportamiento colectivo.

Polarización: La polarización es la orientación de las oscilaciones de una onda electromagnética. En óptica, se refiere a la dirección de oscilación de la luz, un fenómeno explotado en gafas de sol polarizadas.

Potencia: La potencia es la tasa de trabajo realizado o la tasa de transferencia de energía. Se relaciona con la fuerza aplicada y la velocidad.

Potencial Eléctrico: El potencial eléctrico es la cantidad de energía potencial eléctrica por unidad de carga en un punto dado en un campo eléctrico. Mide la capacidad de un campo eléctrico para realizar trabajo en una carga eléctrica. Se mide en voltios y determina el trabajo necesario para mover una carga entre dos puntos. Se relaciona con la fuerza eléctrica a través de la relación $V=U/q$, donde V es el potencial eléctrico, U es la energía potencial eléctrica y q es la carga.

Potts: Modelo de Potts: Un modelo en la teoría de probabilidad y termodinámica estadística que se utiliza para describir sistemas con estados discretos y transiciones de fase.

Principio de Incertidumbre: Formulado por Heisenberg, establece que es imposible conocer simultáneamente con precisión la posición y el momento (cantidad de movimiento) de una

Principio de Pascal: El principio de Pascal establece que un cambio de presión aplicado a un fluido incompresible en un punto se transmite de manera uniforme en todas las direcciones.

Principios de Conservación:

Prismas: Dispositivos ópticos con superficies planas que refractan la luz, descomponiéndola en sus componentes espectrales.

Proceso Reversible: Un proceso reversible es aquel que puede invertirse sin pérdida de energía. En estos procesos, el sistema pasa por una serie de estados de equilibrio y su entropía permanece constante.

Publicación: Comunicación de resultados experimentales a través de artículos científicos revisados por pares, contribuyendo al conocimiento colectivo en la comunidad científica.

Quantum (Cuantum): Un paquete discreto e indivisible de energía, cantidad de movimiento u otra propiedad física; la unidad básica en la mecánica cuántica. La mecánica cuántica es la teoría física que estudia el comportamiento de las partículas a una escala muy pequeña, como átomos y partículas subatómicas.

Quarks Confinados: Propiedad de los quarks de no existir libremente en la naturaleza, sino solo en combinaciones llamadas hadrones (protones, neutrones, etc.).

Quarks: Los quarks son partículas fundamentales que constituyen los protones y neutrones en el núcleo atómico. Varios tipos de quarks se combinan para formar hadrones, las partículas más grandes que contienen quarks.

Qubits: Bits cuánticos, la unidad básica de información en la computación cuántica. Pueden representar 0, 1 o ambos estados simultáneamente debido al principio de superposición.

Qubits: Los qubits son las unidades fundamentales de información cuántica. A diferencia de los bits clásicos, los qubits pueden estar en múltiples estados a la vez gracias a la superposición cuántica. Pueden representar 0, 1 o ambos estados simultáneamente debido al principio de superposición.

Quenching: El quenching es un proceso que consiste en enfriar rápidamente un plasma para detener reacciones nucleares no deseadas.

Radiación Electromagnética: Es la emisión de energía en forma de ondas o partículas que se propaga a través del espacio. Incluye diversas formas, comoondas de radio, microondas, luz visible, rayos X y rayos gamma.

Radiación Ionizante: La radiación ionizante tiene suficiente energía para ionizar átomos y moléculas, creando iones. Puede tener efectos biológicos significativos.

Radiación: La radiación es la emisión y propagación de energía en forma de ondas electromagnéticas o partículas subatómicas. Incluye diversas formas, como luz, calor y radiación ionizante.

Radiactividad: El fenómeno en el cual núcleos inestables emiten partículas subatómicas o radiación electromagnética en un intento de alcanzar una configuración más estable.

Radiometría: La radiometría se refiere a la medición de la radiación, ya sea ionizante o no ionizante. Incluye el estudio de instrumentos de medición y técnicas asociadas.

Radioterapia: La radioterapia utiliza radiación ionizante para tratar enfermedades, especialmente el cáncer. Se dirige a células cancerosas para destruirlas o frenar su crecimiento.

Rayos Gamma: Forma de radiación electromagnética de alta energía liberada durante procesos nucleares. Los rayos gamma se utilizan en medicina nuclear y estudios nucleares. Pueden ser emitidos durante el decaimiento nuclear u otras transiciones nucleares.

Rayos X y Gamma: Estas formas de radiación electromagnética tienen longitudes de onda muy cortas y alta energía. Los rayos X se utilizan en medicina y la industria, mientras que los rayos gamma son emitidos por procesos nucleares.

Rayos X: Es una forma de radiación electromagnética de alta energía. Los rayos X se utilizan en imágenes médicas y los rayos gamma en medicina nuclear y estudios nucleares.

Rayos: El término "rayos" generalmente se refiere a rayos X y rayos gamma, que son formas de radiación ionizante con aplicaciones en medicina y otras disciplinas.

Reactores Nucleares: Los reactores nucleares son instalaciones que generan energía a través de la fisión nuclear controlada. Pueden utilizarse con fines energéticos o en aplicaciones científicas.

Reflectancia: Medida de la capacidad de una superficie para reflejar la luz. Se expresa como la fracción de luz incidente que es reflejada.

Reflexión: El cambio de dirección de un rayo de luz cuando incide sobre una superficie reflectante.

Refracción: El cambio de dirección de un rayo de luz al pasar de un medio a otro con una velocidad de propagación diferente.

Reproducibilidad: La reproducibilidad se refiere a la capacidad de otros investigadores para repetir un experimento y obtener resultados similares.

Resonancia Alfven: Es un fenómeno de resonancia en plasmas magnetizados, crucial para la transferencia de energía.

Resonancia: La amplificación de amplitud que ocurre cuando una onda coincide en frecuencia con la frecuencia natural de un sistema.

Rotacional: Relativo al movimiento de rotación alrededor de un eje fijo.

Shannon (Entropía de Shannon): Medida de la cantidad de información o incertidumbre en un sistema, utilizada en teoría de la información y termodinámica estadística.

Simetría Gauge: La simetría gauge es un concepto fundamental en la teoría de campos cuánticos que describe cómo las transformaciones locales afectan los campos y las interacciones.

Singularidad: Punto en el espacio-tiempo donde las leyes físicas pueden volverse infinitas, como el centro de un agujero negro.

Singularidad: Un punto en el espacio-tiempo donde las leyes de la física pueden romperse, como en el centro de un agujero negro.

Spin-Estadística: Relación entre el spin de una partícula (una propiedad intrínseca) y el tipo de estadística que sigue (Fermi-Dirac para fermiones y Bose-Einstein para bosones).

Superconductor: Material que, a temperaturas extremadamente bajas, exhibe la superconductividad, conduciendo corriente eléctrica sin resistencia eléctrica.

Supercuerdas: Cuerdas en la teoría de cuerdas que poseen simetrías especiales y propiedades que las hacen fundamentales para la teoría.

Superposición: Un principio cuántico que permite que un sistema cuántico exista en múltiples estados o ubicaciones simultáneamente.

Técnicas de Medición: Métodos utilizados para cuantificar y registrar observaciones en experimentos. Incluyen instrumentación especializada y procedimientos de calibración.

Tecnología Nuclear: La tecnología nuclear abarca diversas aplicaciones, desde la generación de energía hasta la medicina y la investigación científica, utilizando propiedades de los núcleos atómicos.

Teleportación Cuántica: La teleportación cuántica es un fenómeno cuántico en el que el estado cuántico de una partícula se transfiere instantáneamente a otra, aunque estén separadas espacialmente. Es la transferencia instantánea de información cuántica de un lugar a otro, sin que la información viaje físicamente a través del espacio entre ellos.

Teleportación Cuántica: Transferencia instantánea de información cuántica de un lugar a otro, sin que la información viaje físicamente a través del espacio entre ellos.

Tensor Métrico: Un campo matemático que describe cómo se distorsiona el espacio-tiempo debido a la presencia de masa y energía.

TensorMétrico: Una herramienta matemática utilizada para describir la geometría del espacio-tiempo en la teoría de la relatividad general.

Teorema de Bernoulli: Principio que establece que, en un flujo constante de fluido, la suma de la energía cinética y la energía potencial por unidad de volumen es constante.

Teorema No Clonación: El teorema de no clonación establece que no es posible crear copias exactas de un estado cuántico desconocido.

Teoría Cuántica de Campos: Extiende los principios de la mecánica cuántica a sistemas con un número variable de partículas.

Teoría de Gauge: Las teorías de gauge describen cómo los campos cuánticos cambian localmente bajo ciertas transformaciones de simetría.

Teoría M: La teoría M es una extensión de la teoría de cuerdas que unifica diferentes formulaciones de la teoría de cuerdas y propone una descripción más completa del universo.

Teoría Unificada: Búsqueda de una teoría que unifique todas las fuerzas fundamentales de la naturaleza en un marco teórico coherente.

Termodinámica: La termodinámica es una rama de la física que estudia los fenómenos relacionados con el calor, la energía y las transformaciones entre diferentes formas de energía.

Terrestre: El campo magnético natural que rodea la Tierra, generado principalmente por corrientes en el núcleo externo de hierro fundido.

Tokamak: Un tokamak es un dispositivo de confinamiento magnético diseñado para contener y controlar plasmas calientes en experimentos de fusión nuclear.

Torque: El torque es la tendencia de una fuerza a hacer girar un objeto alrededor de un eje. Depende de la fuerza aplicada y la distancia al eje de rotación.

Trabajo: En mecánica, el trabajo se define como la energía transferida por una fuerza cuando se aplica a lo largo de una distancia. Es una medida de la transferencia de energía.

Transferencia de Calor: La transferencia de calor es el proceso por el cual la energía térmica se transfiere entre cuerpos de diferentes temperaturas.

Túnel Cuántico: El túnel cuántico es un fenómeno cuántico en el cual una partícula puede atravesar una barrera de potencial, aparentemente superando la energía clásica permitida.

Turbulencia: Movimiento caótico e irregular de un fluido, caracterizado por vórtices y flujos no lineales.

Uranio: Elemento químico con el símbolo U y número atómico 92. Es conocido por su uso como combustible en reactores nucleares y su papel en la producción de armas nucleares.

Vacío (Inercial): Método de confinamiento de plasmas para la fusión nuclear que implica el uso de campos magnéticos y compresión inercial.

Validación: La validación experimental implica confirmar la precisión y la confiabilidad de los resultados obtenidos, a menudo a través de experimentos replicados.

Velocidad Angular: La velocidad angular mide la rapidez con que un objeto rota alrededor de un eje y se expresa en radianes por segundo.

Velocidad Luz: La velocidad constante a la que la luz se propaga en el vacío, aproximadamente 299,792,458 metros por segundo (aproximadamente 186,282 millas por segundo).

Velocidad: La relatividad especial introduce la idea de que la velocidad de la luz es constante para todos los observadores, independientemente de su movimiento relativo.

Velocidad: La velocidad es la tasa de cambio de posición de un objeto en relación con el tiempo. Se representa como la derivada de la posición con respecto al tiempo y se mide en unidades como metros por segundo (m/s) en el sistema internacional.

Viaje a la Luz: Se refiere a la imposibilidad, según la relatividad especial, de que un objeto con masa alcance o supere la velocidad de la luz en el vacío.

Viaje en el Tiempo: La teoría de la relatividad permite conceptualizar el viaje en el tiempo, donde eventos pueden experimentar dilatación temporal, pero esto se encuentra en el ámbito teórico y especulativo.

Vida Media: La vida media es el tiempo requerido para que la mitad de una muestra de isótopo radiactivo se desintegre. Es una medida de la estabilidad del isótopo.

Viscoelasticidad: La viscoelasticidad describe cómo ciertos materiales exhiben propiedades tanto elásticas como viscosas. Es crucial en la comprensión del comportamiento de materiales como polímeros.

Viscosidad: La viscosidad es la resistencia de un fluido al flujo, determinada por la fricción interna entre sus partículas.

Viscoso: Característica de un fluido que presenta viscosidad, es decir, resistencia al flujo.

Vorticidad: Medida local de la rotación de un fluido en un punto dado. Describe la tendencia de las partículas fluidas a girar alrededor de un eje.

BlessedPapers

Libros de esta colección: